基礎化妝設計練習本

張尤莉◇編著

前言

本書內容是以素描原理為基礎。首先瞭解頭型及五官的標準位置，進而運用色彩於最基本的眉型、眼影、眼線、及唇型，提昇化妝技巧。藉由基本繪圖創作演進為專業造型的整體設計，例如，彩繪等。

美容師本身必須約略涉獵一些基礎美術領域。本書繪圖設計由最簡單的線條著手，延伸至搭配色彩為基本原則。很多職業美容師都不是美術家，遇到紙圖化妝設計就很難起手，這本《基礎化妝設計練習本》不僅培養基礎繪圖技巧之外，更藉由練習將化妝技巧更臻專業。

目前，國家考試美容乙級證照已將紙圖設計列為考試項目之一，相對的，紙圖設計在美容的技能上，已是不可被忽略的一項技術。

目錄

工具

- 眼影
- 眼影棒
- 彩色鉛筆
- 眼線筆
- 主筆
- 棉花
- 面紙

標準臉型比例圖

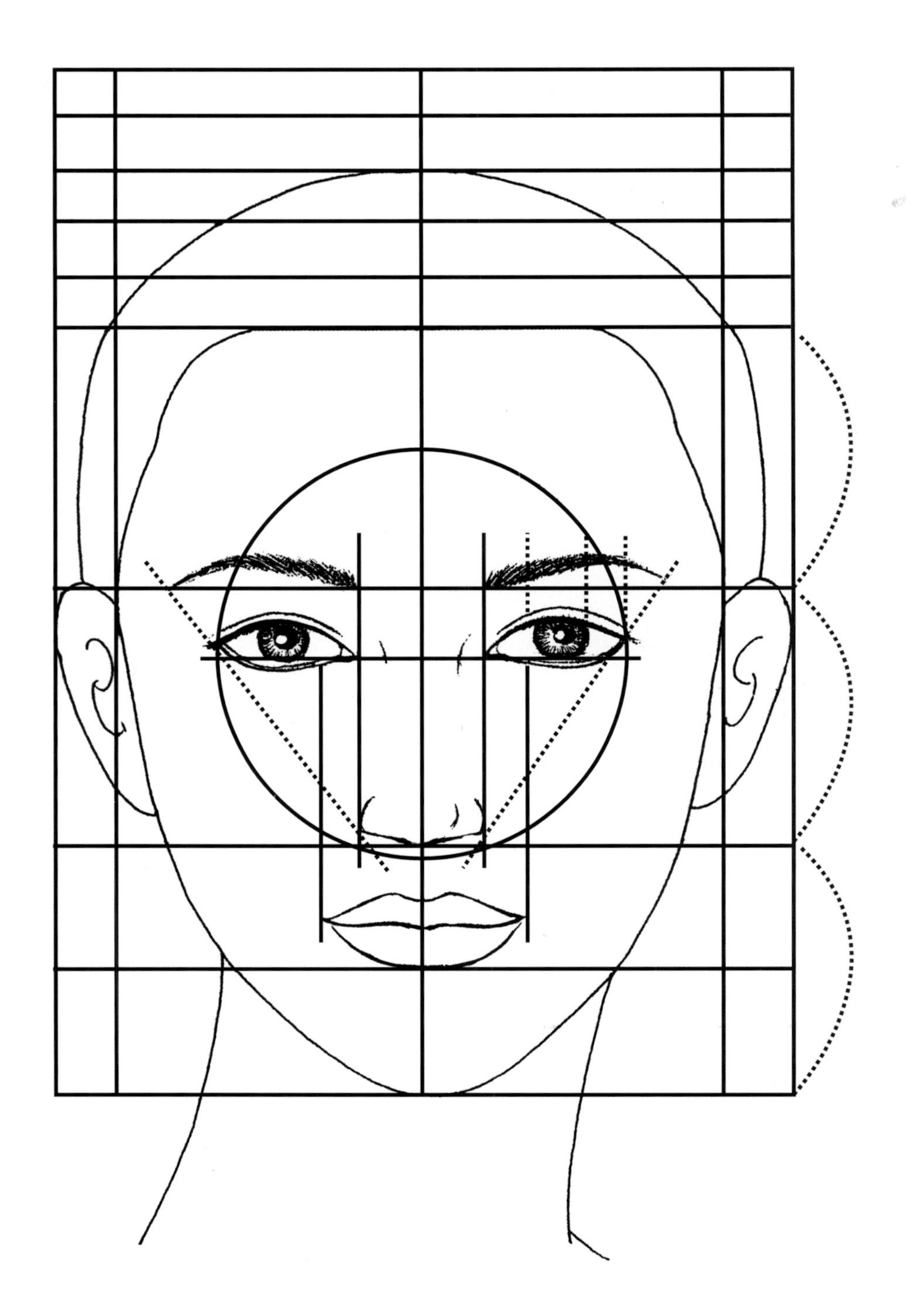

眉型

1.**眉毛位置**：從額部開始1／3處。

2.**鼻的位置**：從額部開始2／3處。

3.**眼睛的大小**：臉寬的1／5。

4.**眼與眼之間位置**：與眼寬相同。

5.**嘴唇的位置**：下唇線為鼻頭至下顎處的1／2處。

6.**眉長**：眉頭在眼頭直上方。

7.**眉尾**：眉尾在鼻翼與眼尾相連之延長線上為45°角。

8.**鼻寬**：與眼頭寬相同。

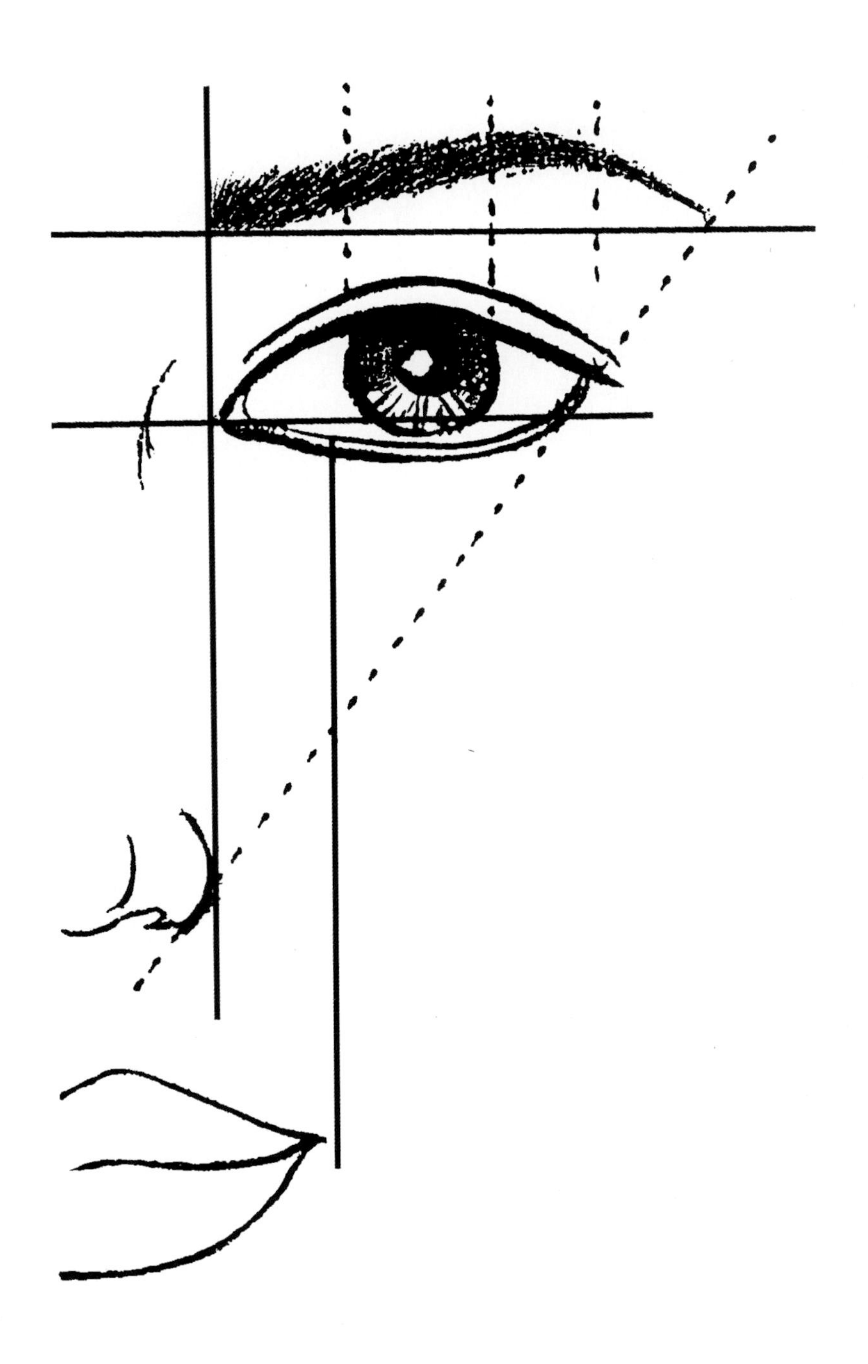

眉型的畫法

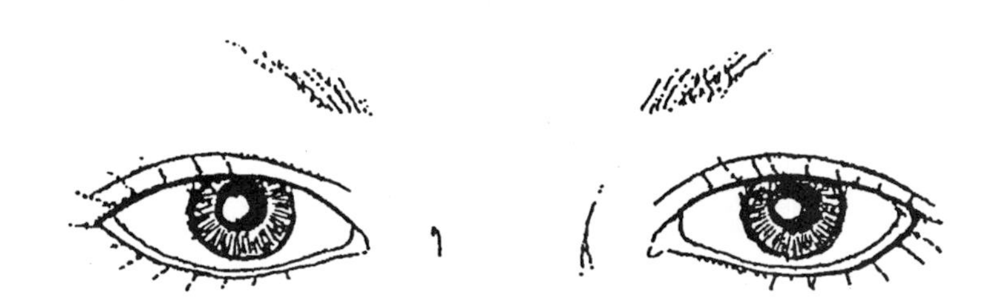

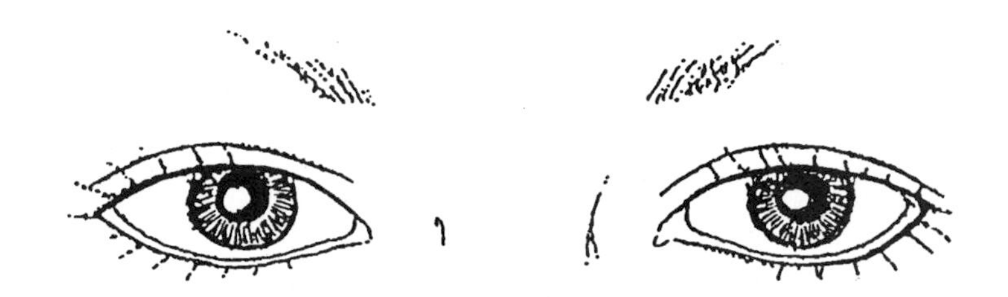

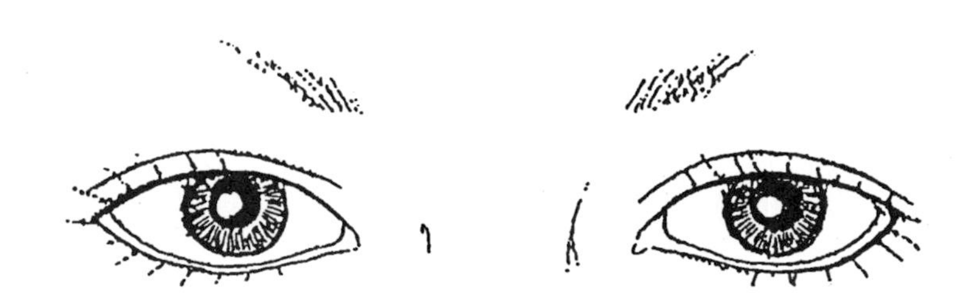

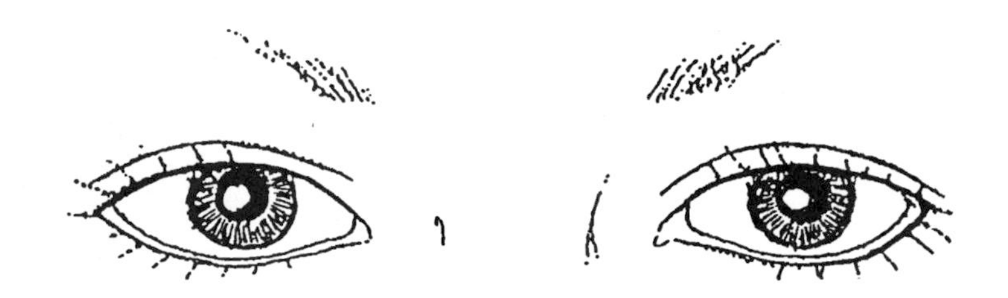

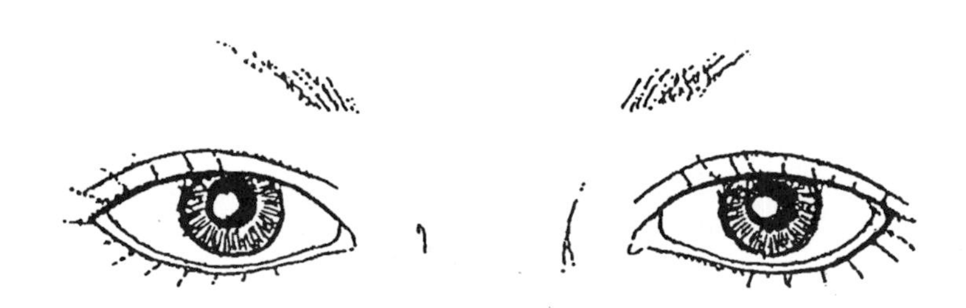

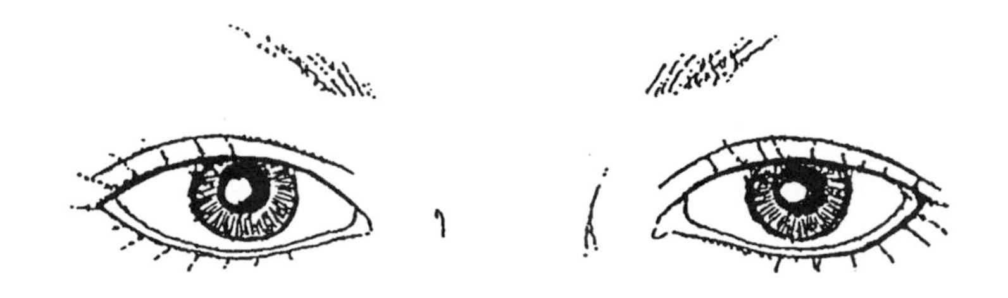

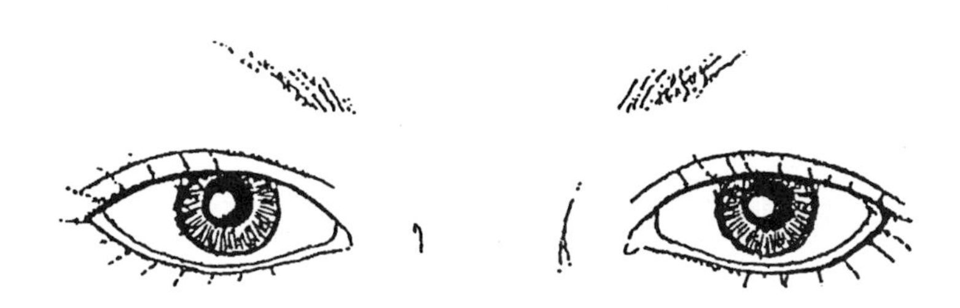

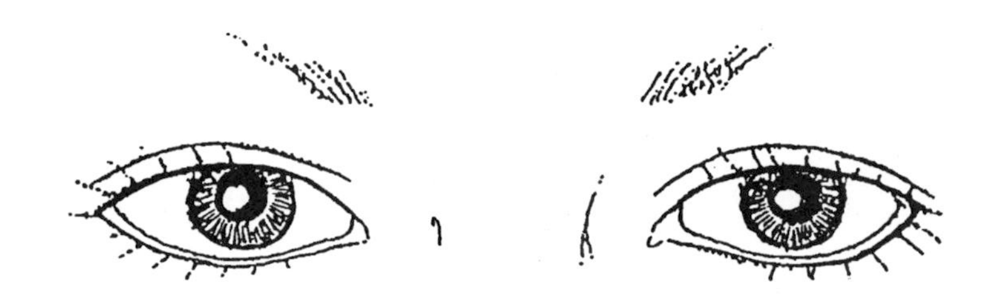

眉型的種類

標準眉

弧型眉

弓型眉

箭型眉

柳月眉

一字眉

標準眉型

標準眉型可說是任何臉型都適用，眉峰位置為眉長三分之二處，眉頭與眉尾呈一水平線。

標準眉型給人感覺有舒適感，略帶有理智的感覺。

弧型眉

形狀看似標準眉型，略與標準眉型有些相同，只是眉峰有稍挑高，及眉峰處沒有角度，只有弧度。

弧型眉給人感覺較溫柔，適合方形臉。

弓型眉

弓型眉又可稱為角度眉，眉頭與眉尾不呈水平線，眉尾略提高，眉峰處略有角度。弓型眉的感覺是一種有個性、有主張的眉型，適合圓形臉。

箭型眉

箭型眉的眉型，是沒有眉峰，眉尾往上提，此種眉型又可稱為上揚眉。
給人的感覺是一種較剛氣的味道。

柳月眉

柳月眉是一種極細的眉型，形狀略像弧型眉，眉峰要挑高，眉尾稍拉細長。
有種古典美人的氣質，不過於時尚流行趨勢上，也把此種眉型當成復古的流行。

一字眉

一字眉適合長形臉及菱形臉的人，雖然是一字眉，但是也要稍微有一點點的眉峰，這樣看起來比較不會太剛硬。
一字眉給人感覺溫柔、可愛，適合年輕女孩的眉型。

色彩的感覺

將色彩運用到化妝，是先依據髮色、膚色及眼睛的顏色，選擇相配的化妝色彩。另一方面，衣著的顏色也可以影響調和的強度。

化妝色彩設計的目的，在於以輕鬆緩和的方式來呈現，使臉型理想化，把臉部的自然光彩，襯托的更迷人。

配色體系（P.C.C.S）色相環

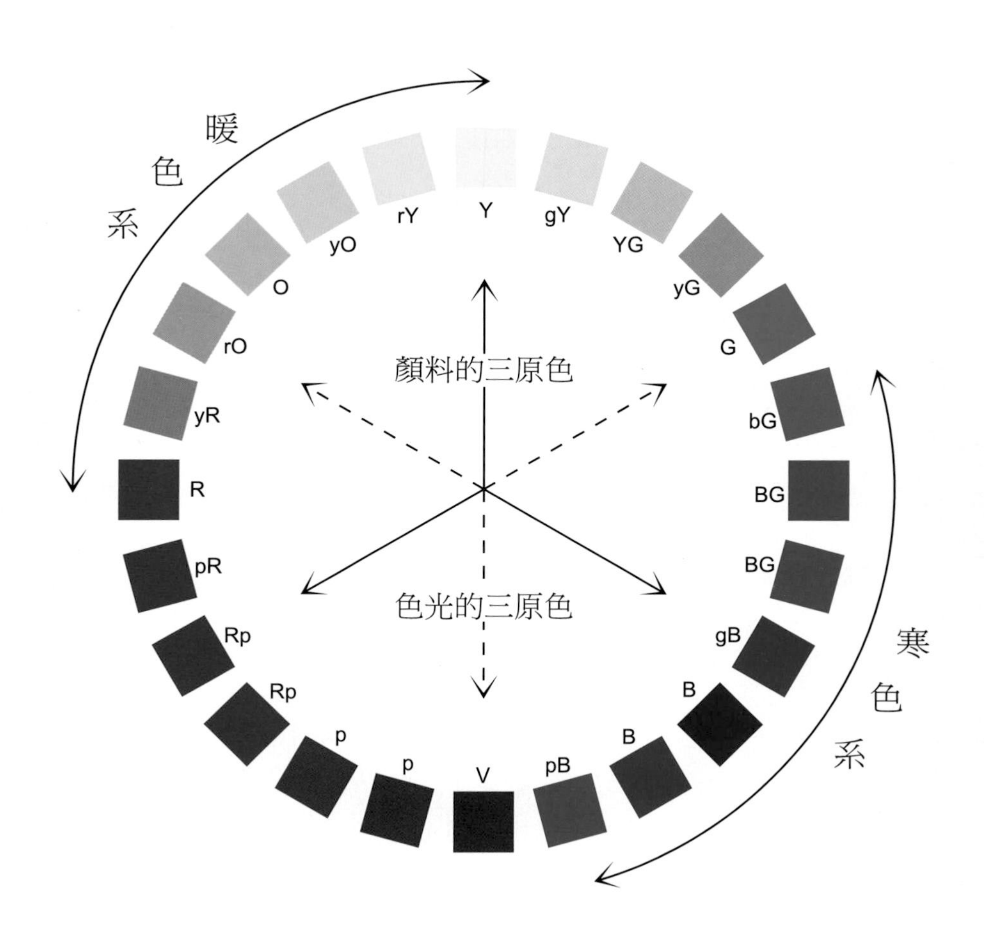

明度階段

〔明度階段〕

最高		白（W）
高（明亮）		淺灰色（ltGy）
		淺灰色（ltGy）
稍微明亮		淺中灰色（mGy）
中度		中灰色（mGy）
稍低（稍暗）		暗中灰色（mGy）
低（暗）		暗灰色（dkGy）
		暗灰色（dkGy）
最低		黑（Bk）

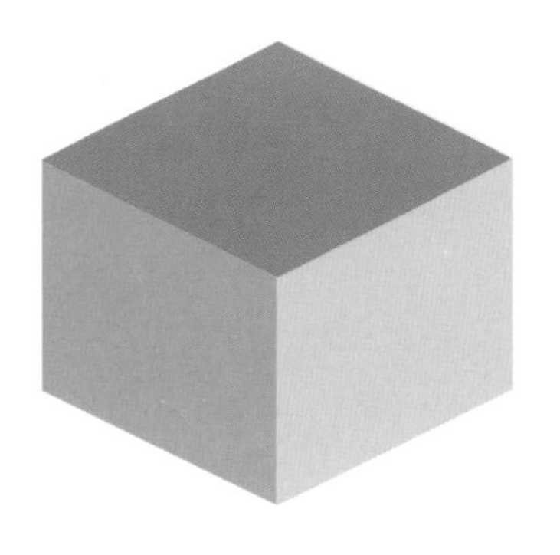

溫暖的感覺

清爽的感覺

鮮豔的感覺

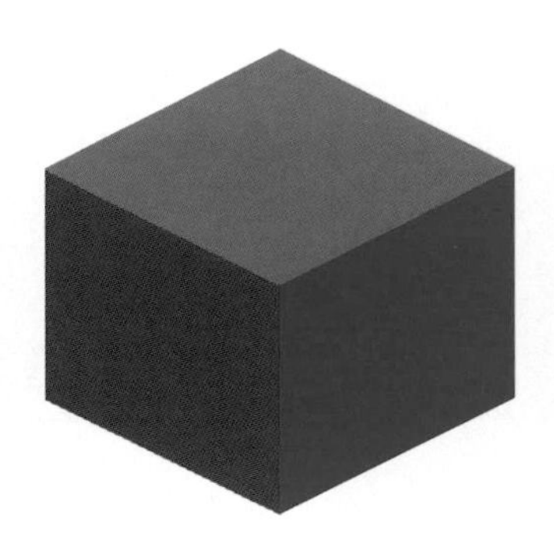

樸素的感覺

安靜的感覺

活動的感覺

較重的感覺

較輕的感覺

眼

眼影

眼影能使眼睛更加活潑生動，眼影也可以改變眼睛的大小、形狀及改變眉型的形狀。

基本描繪眼影的方法，是在眼瞼處，先打上基本色彩呈半圓形的狀態，在靠近睫毛處顏色加深，或眼尾處加深，離睫毛觸及眼尾處愈遠，顏色即慢慢變淡，表現出漸層的感覺。

淡妝

職業婦女妝

專為職場上的婦女所設計的彩妝，所以，眼影的表現，應該凸顯理性、智慧。

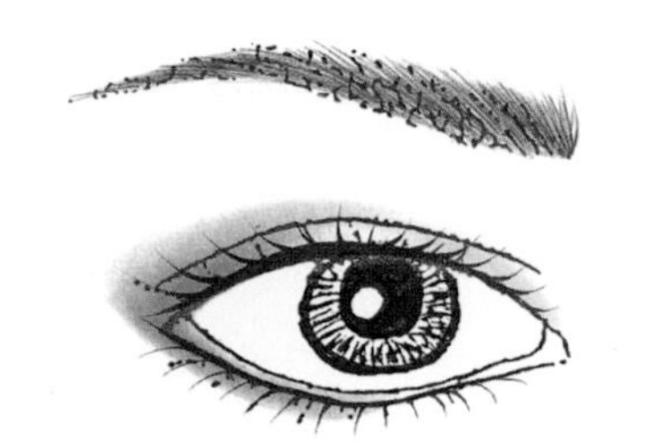
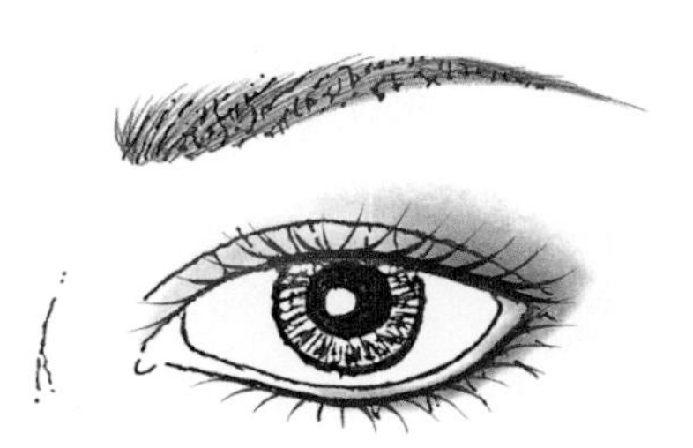

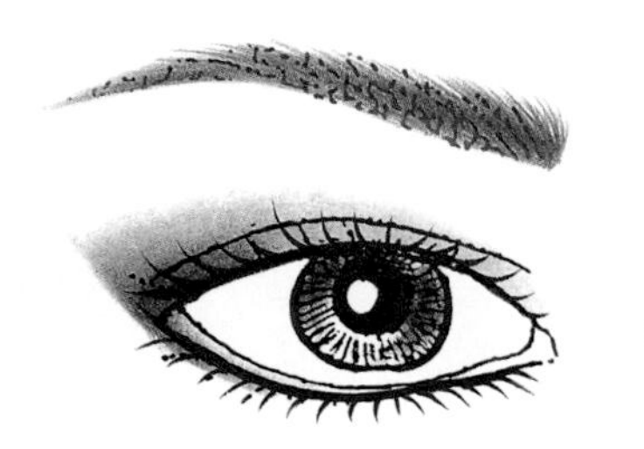

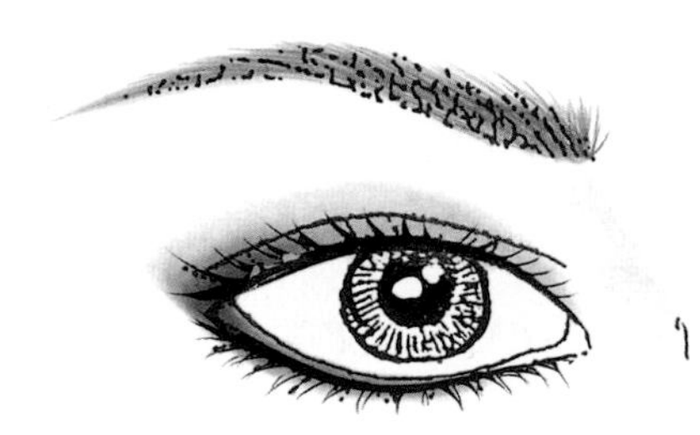
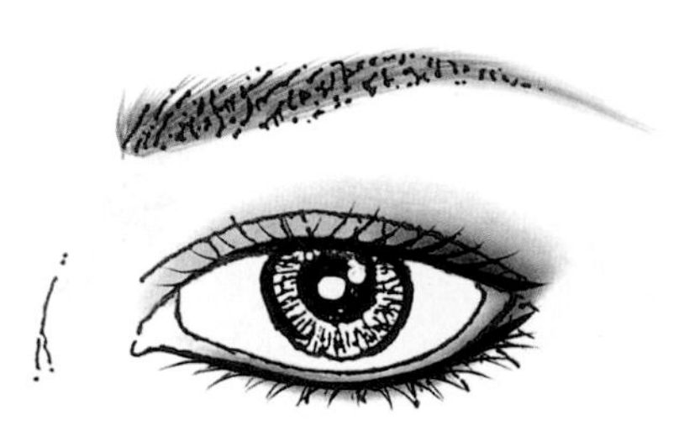

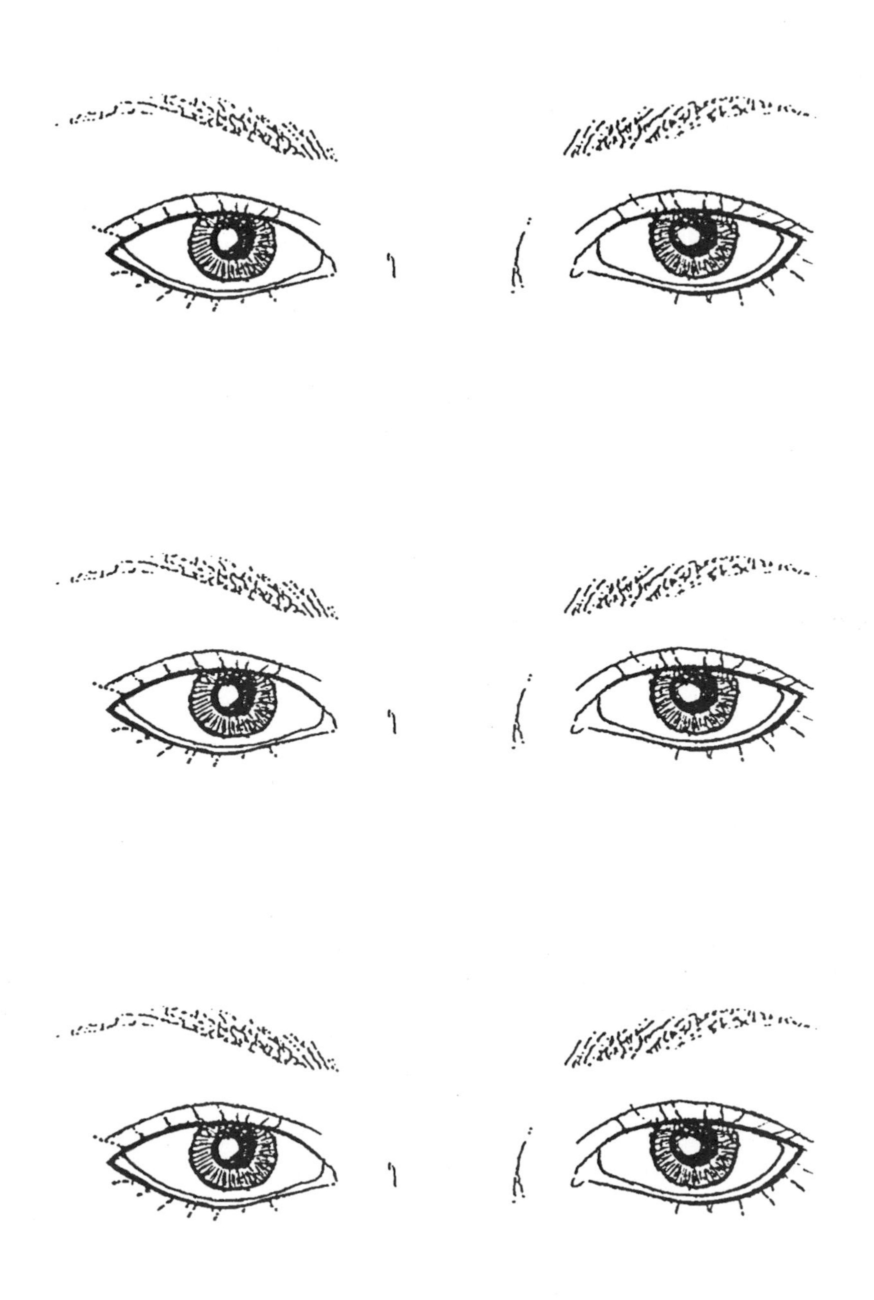

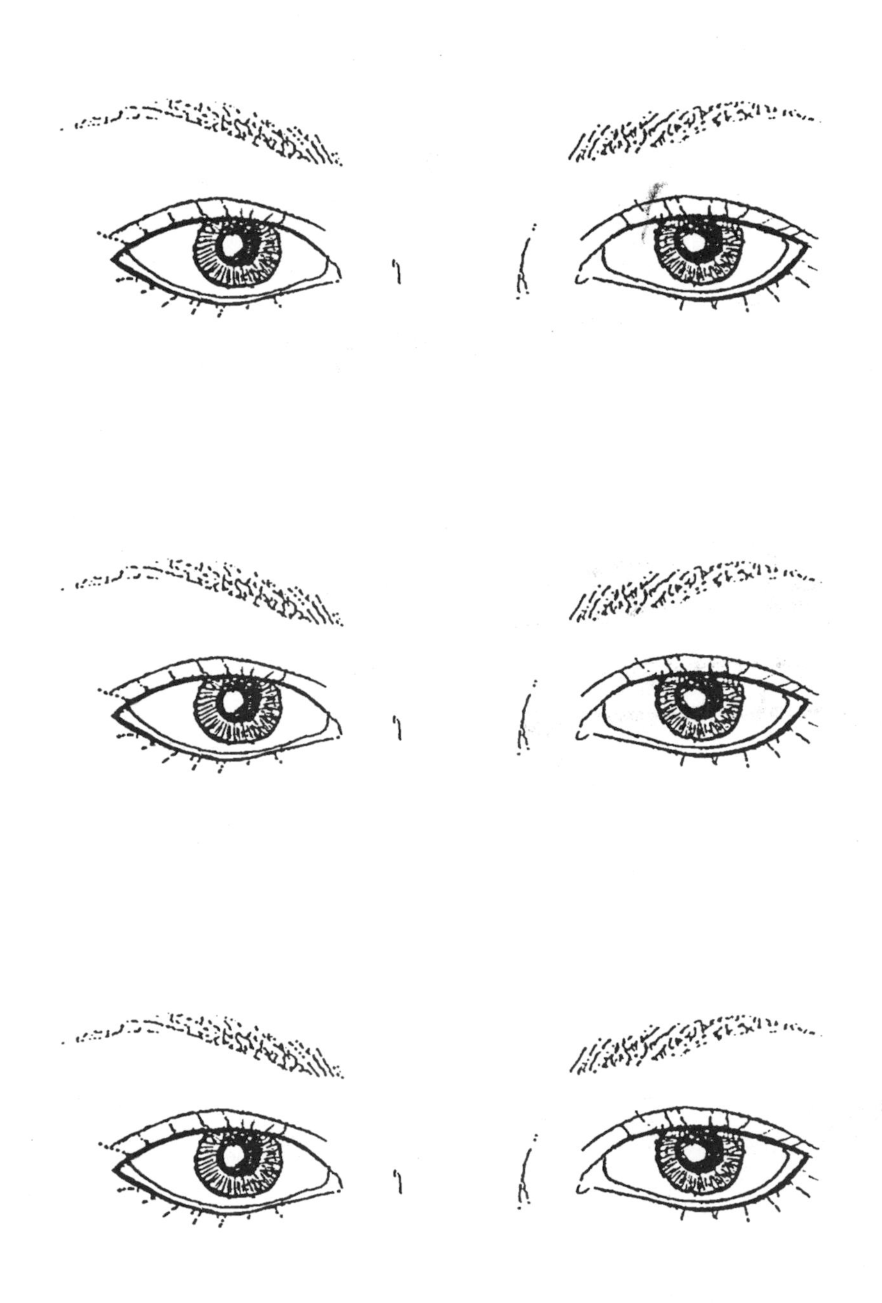

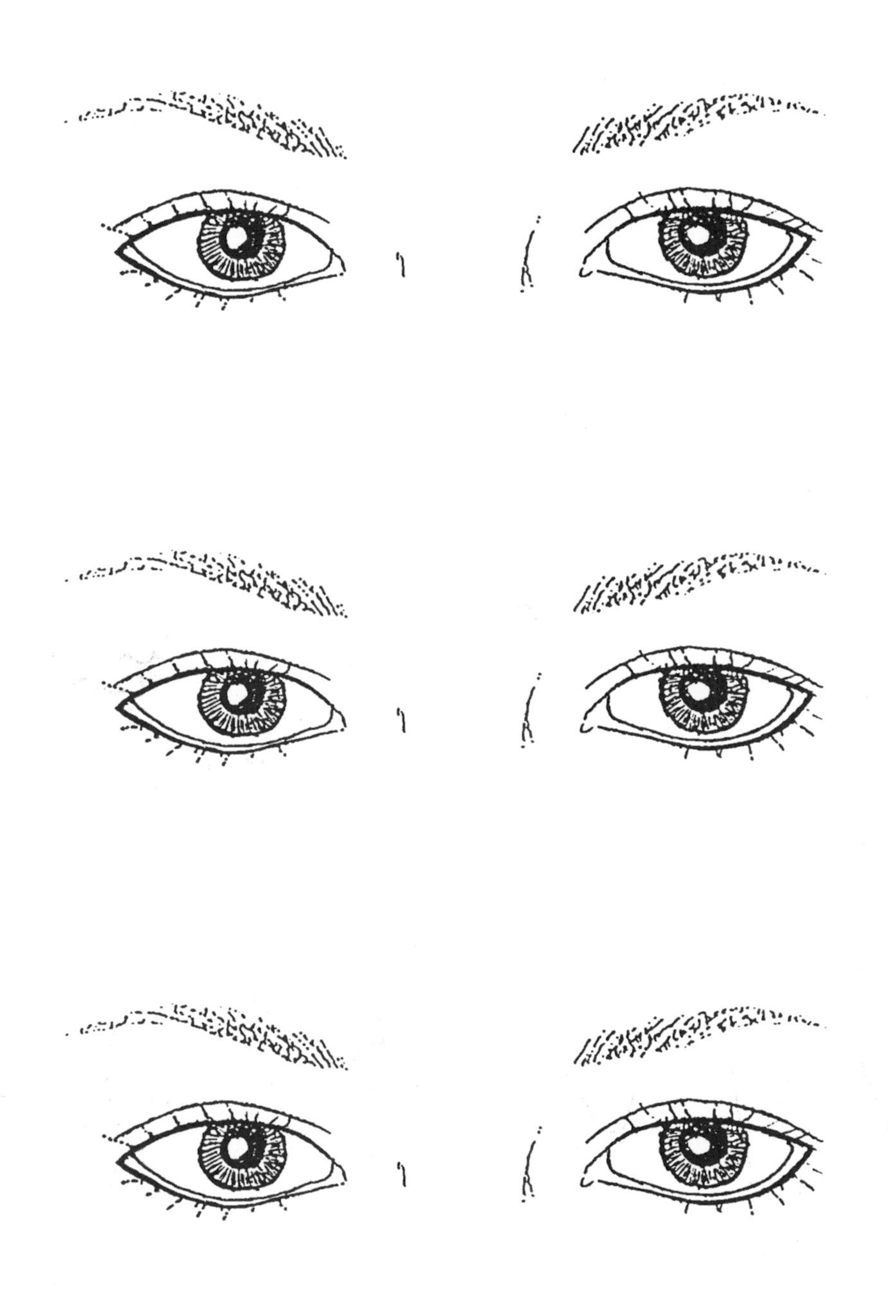

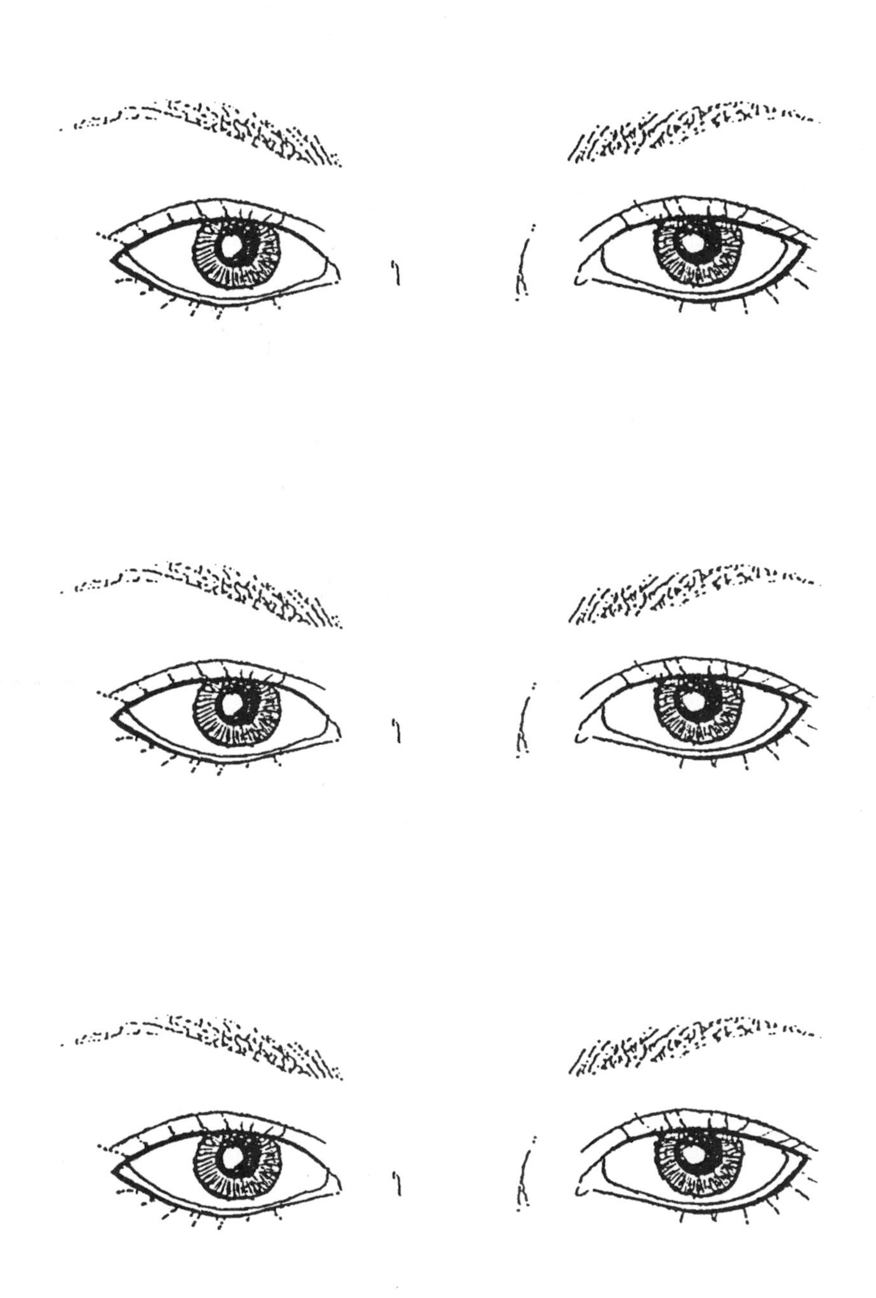

淡妝

外出妝

外出是屬於較輕鬆、自然的感覺，所以，在眼影的畫法上應以較自然、柔和的色系表現。

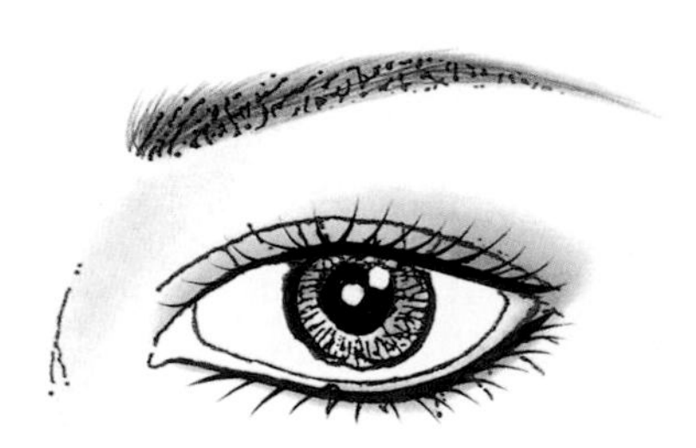

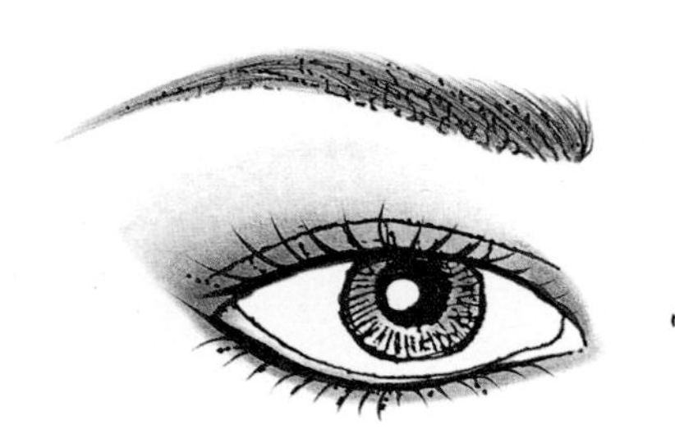

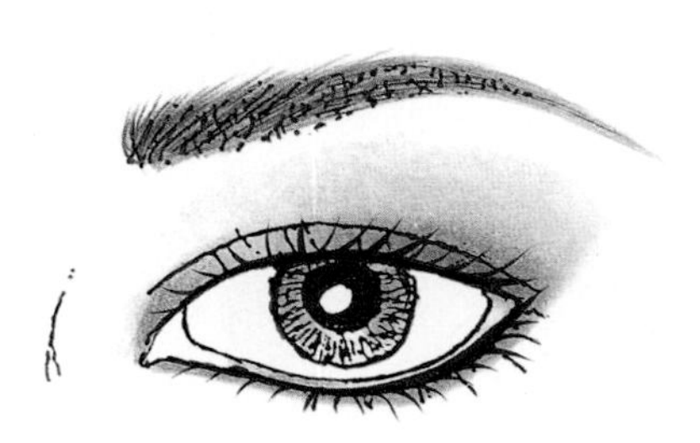

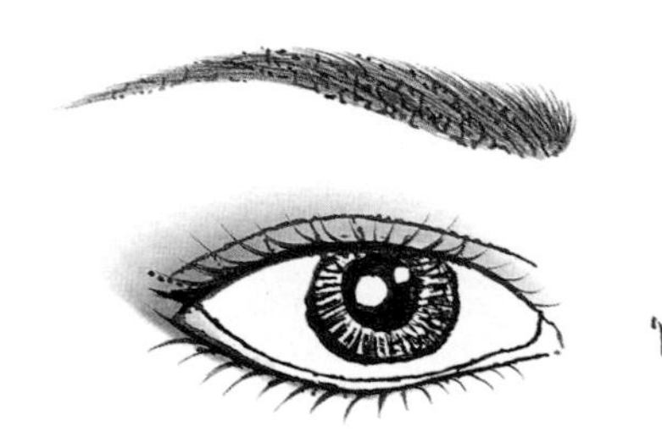
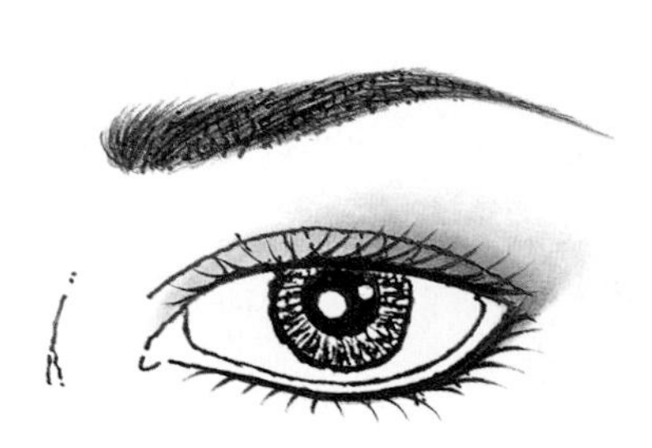

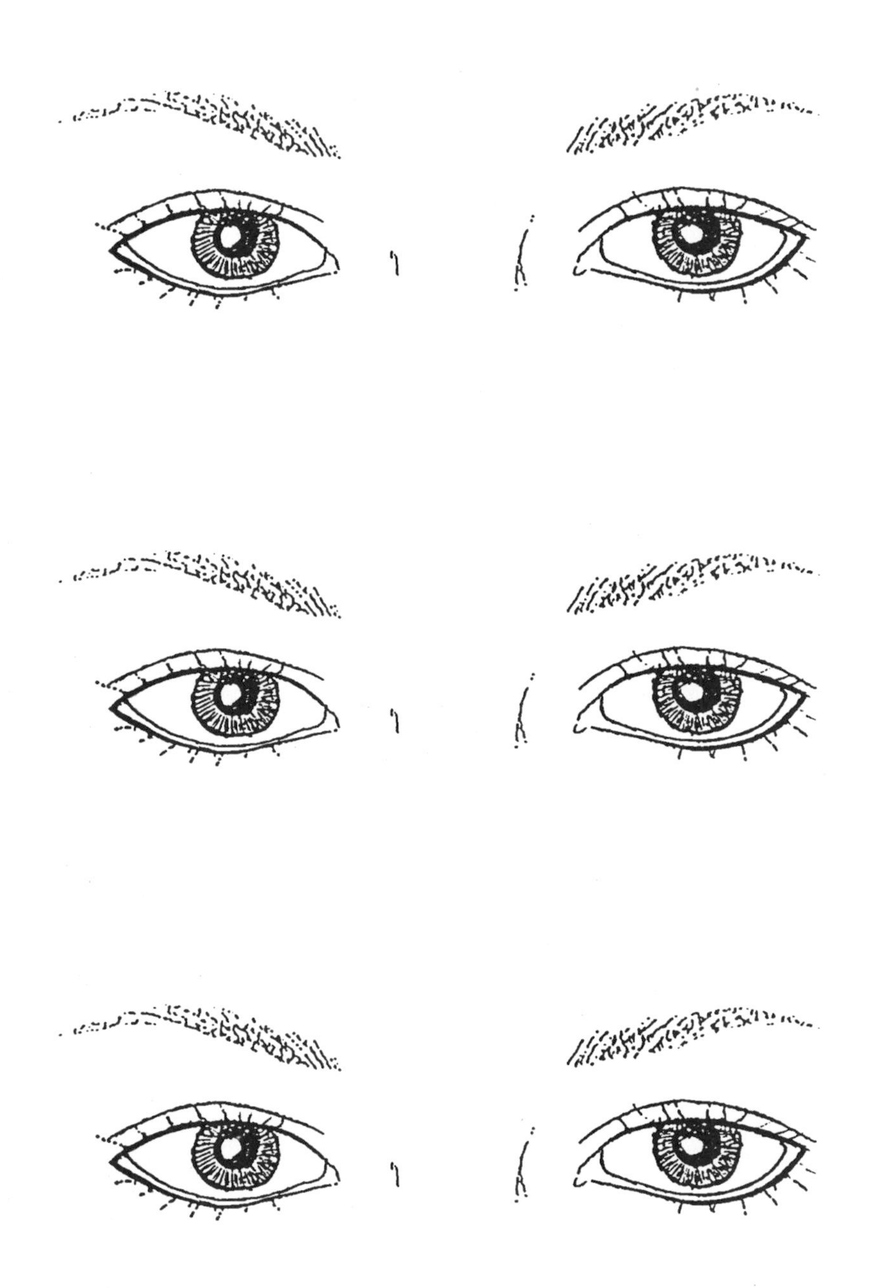

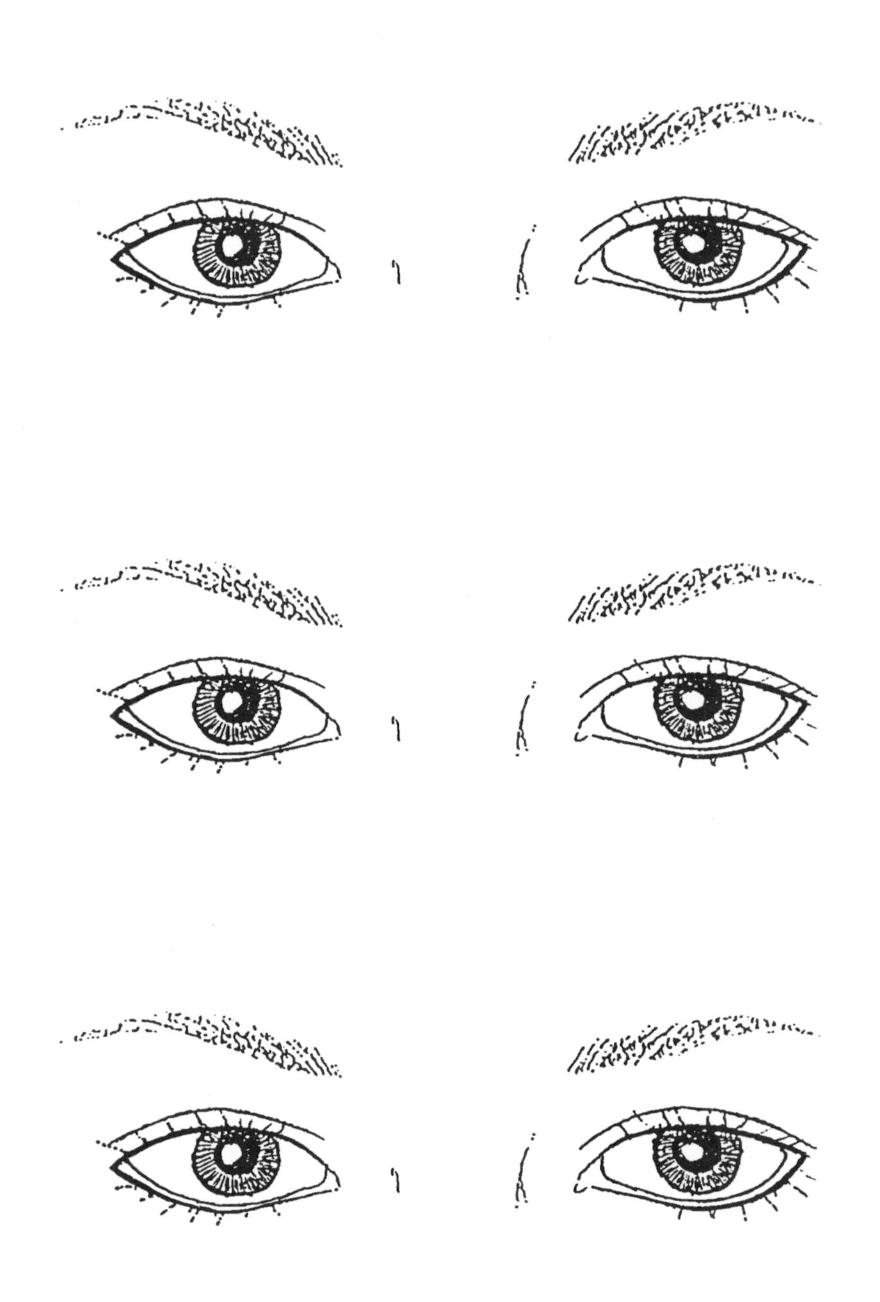

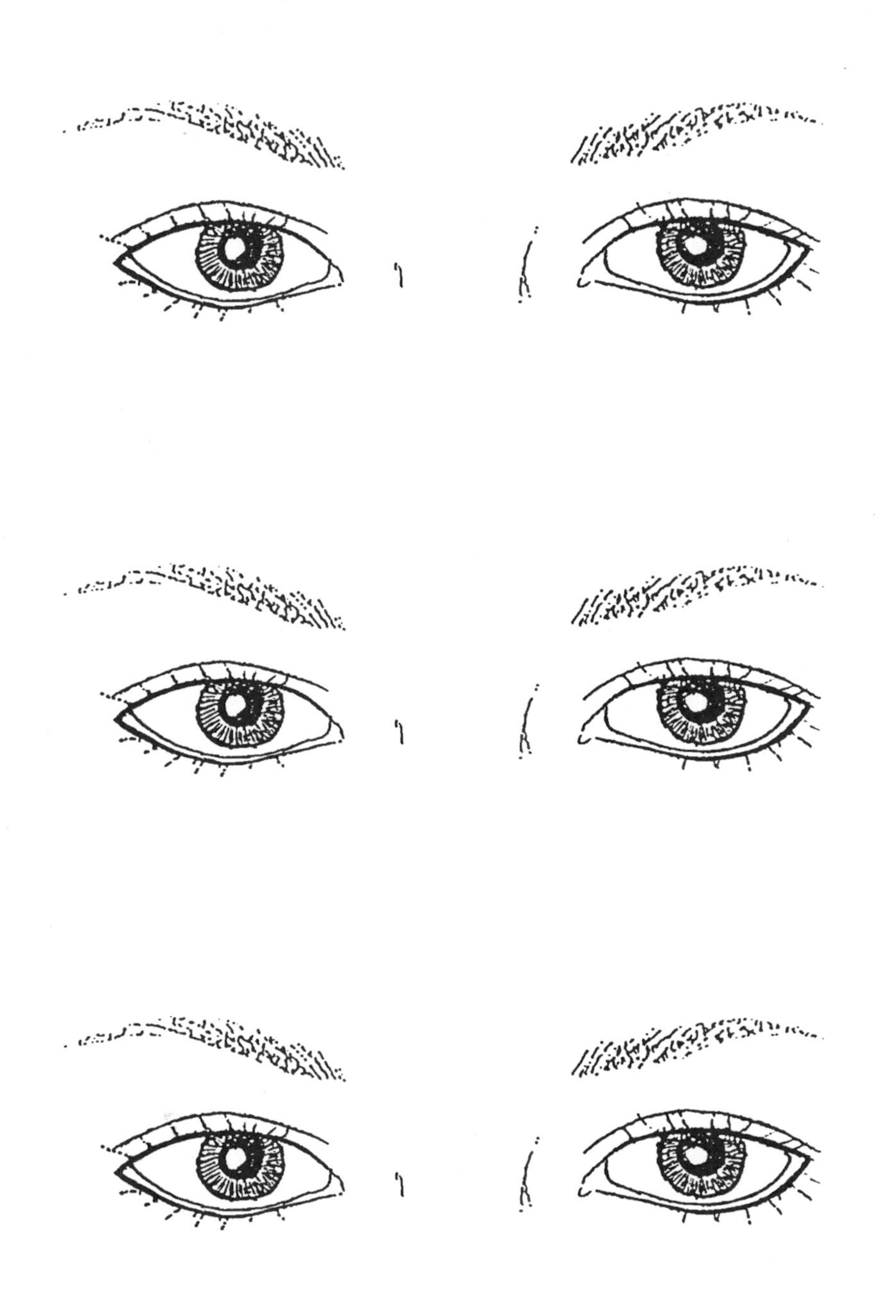

濃妝

日宴妝

白天的宴會妝，可用較自然的咖啡色及金黃色系來搭配，表現出較深邃的眼神。

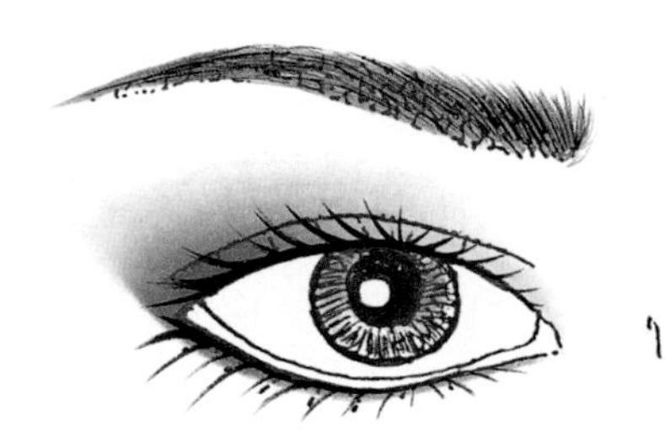

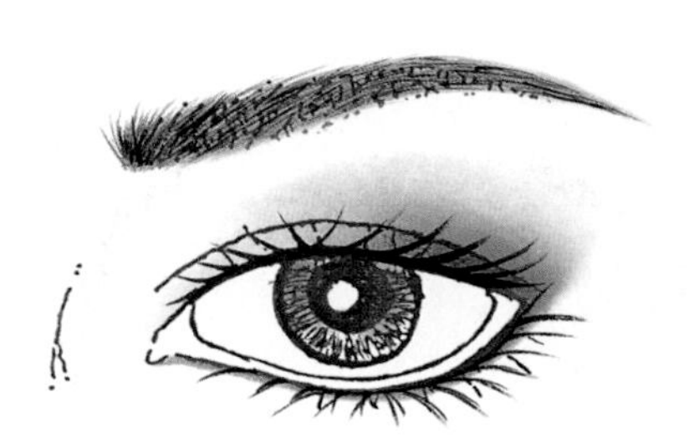

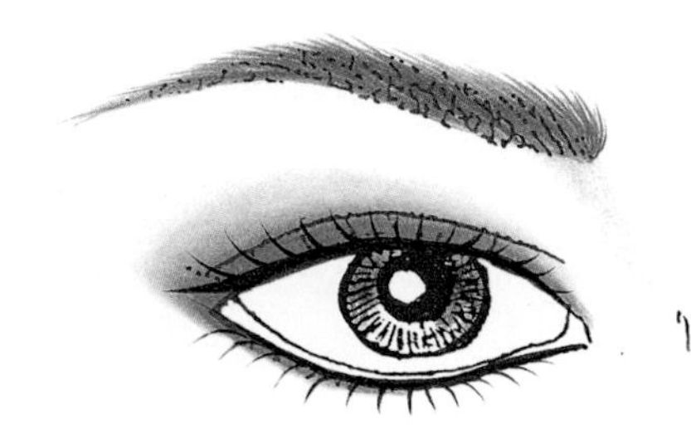
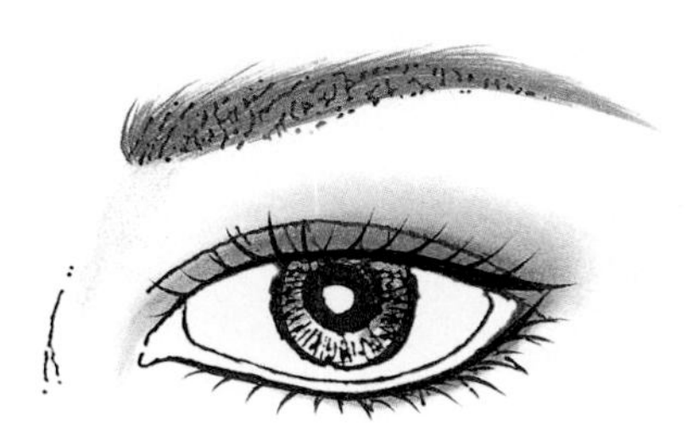

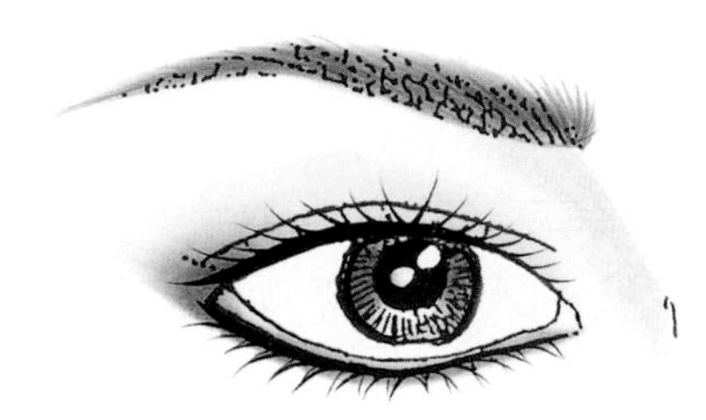
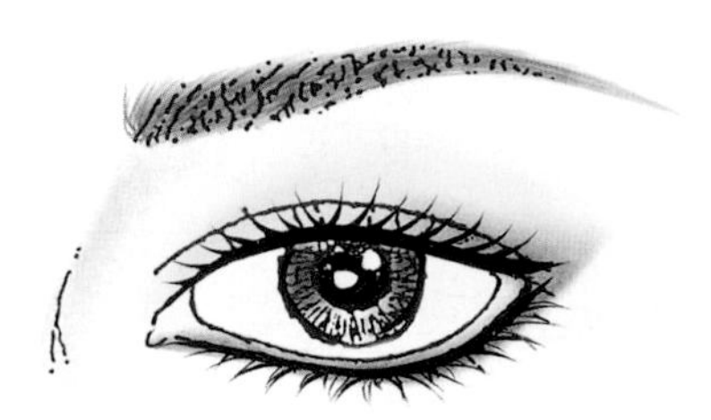

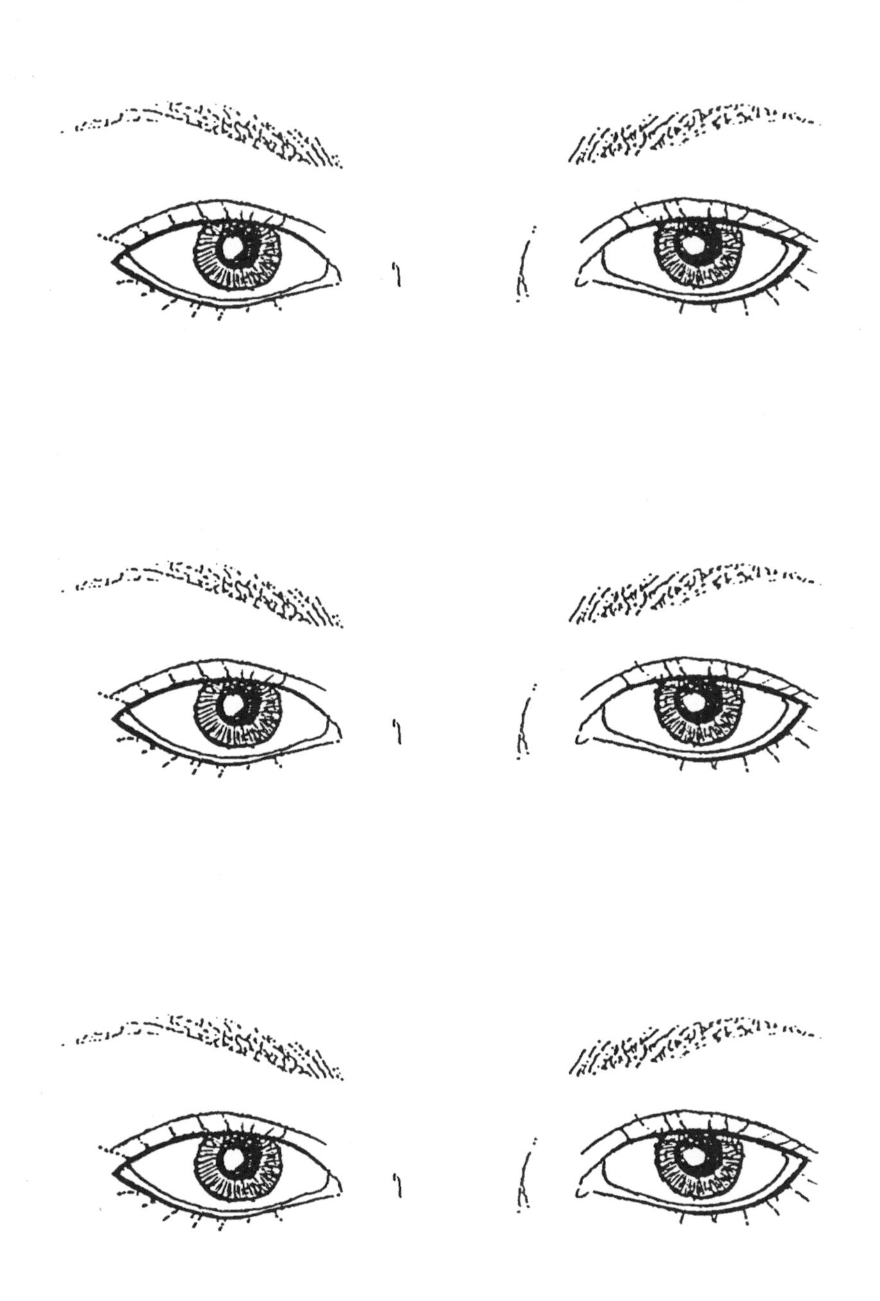

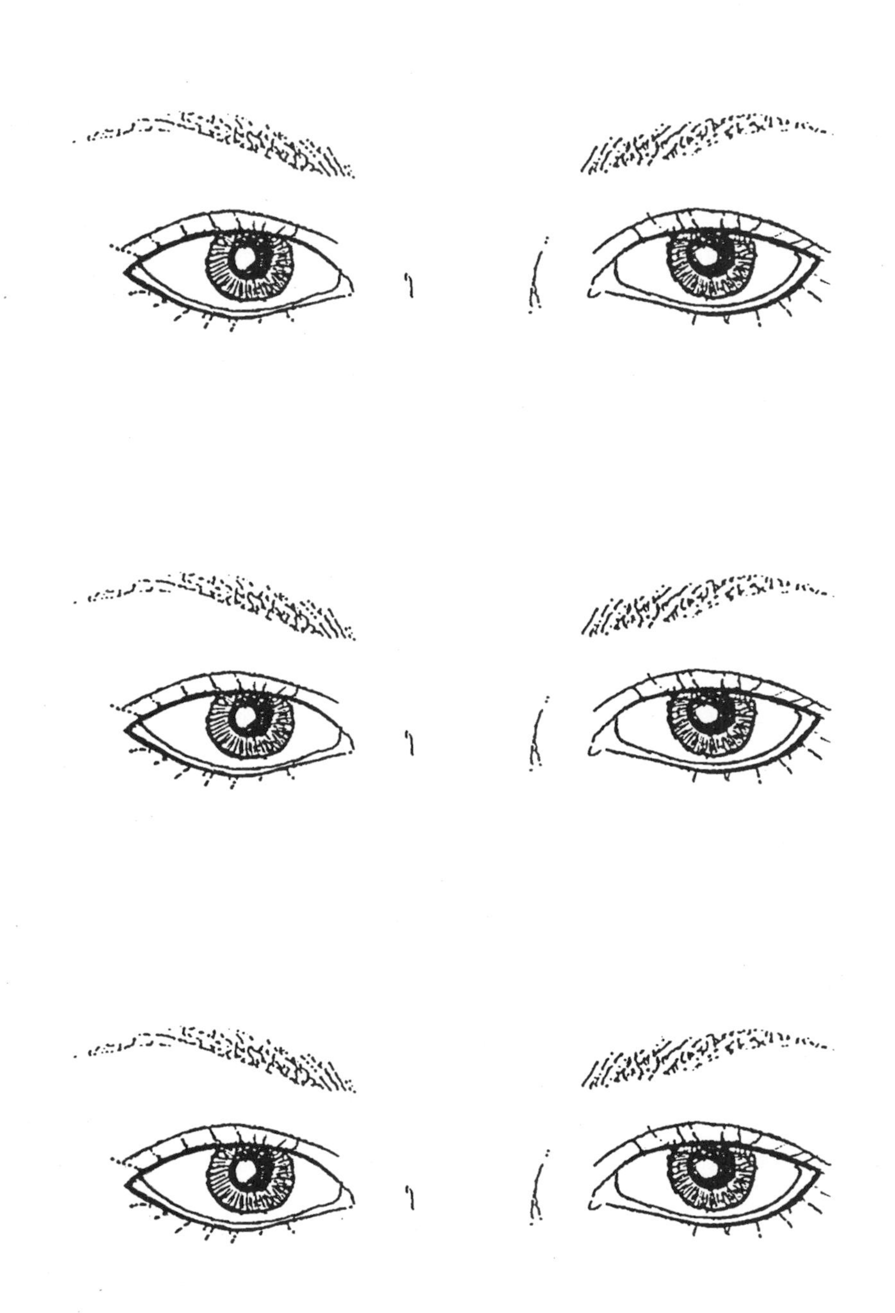

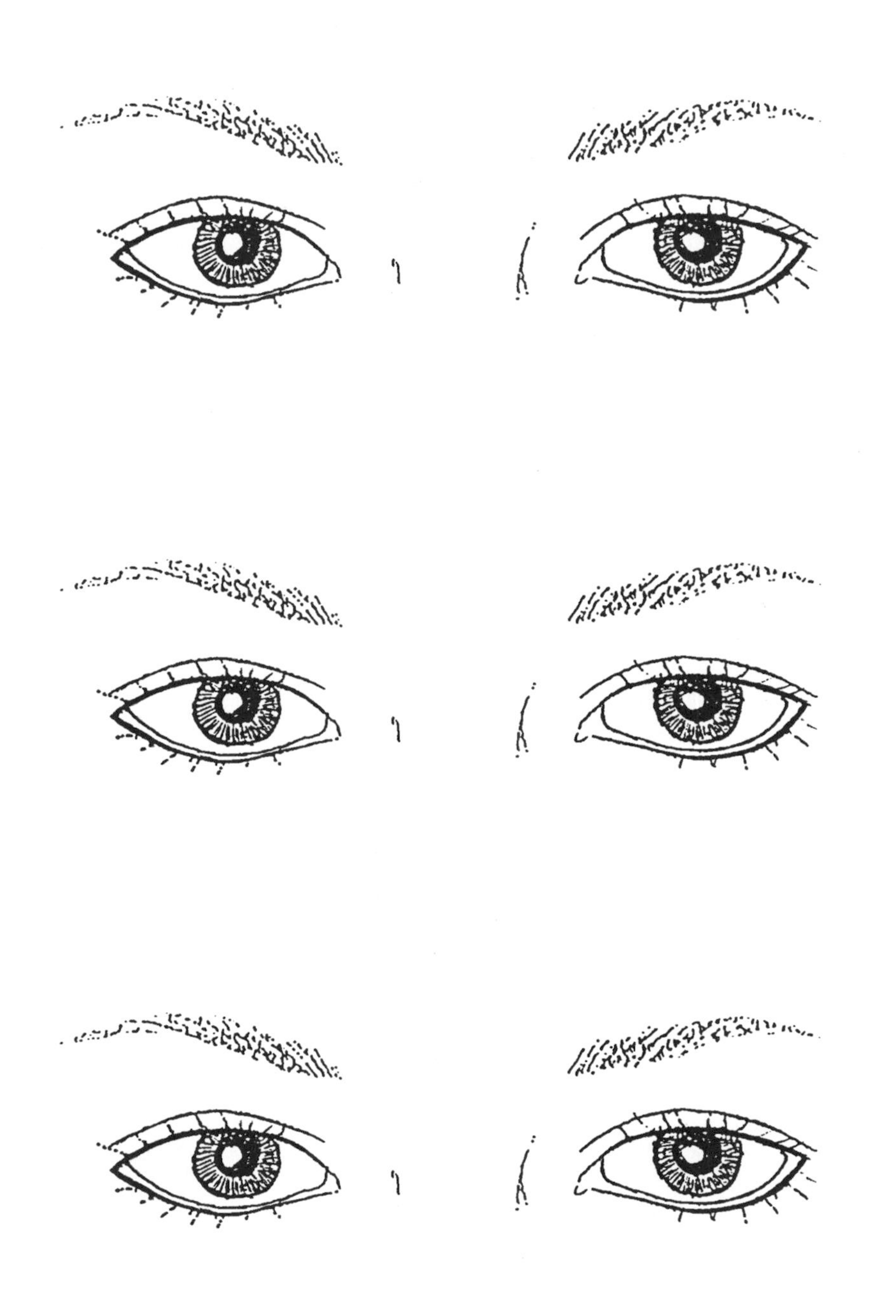

濃妝

晚宴妝

晚上的宴會妝，因光線的考量，可使用較迷人的粉紅色系或紫色系來搭配，可表現出華麗的感覺。

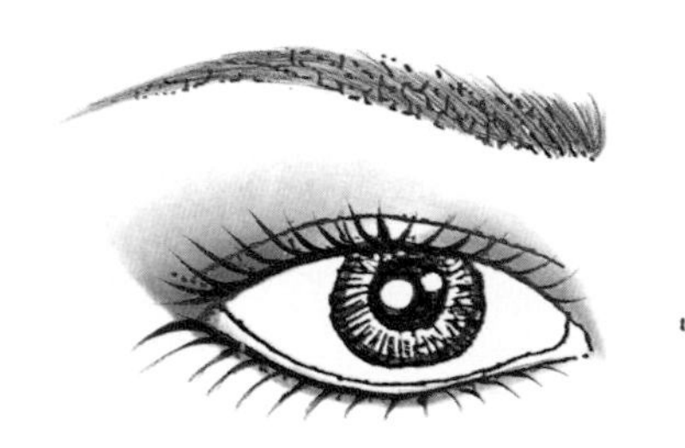

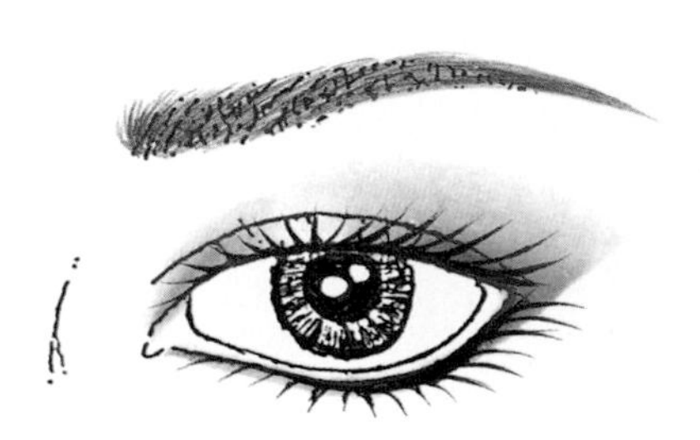

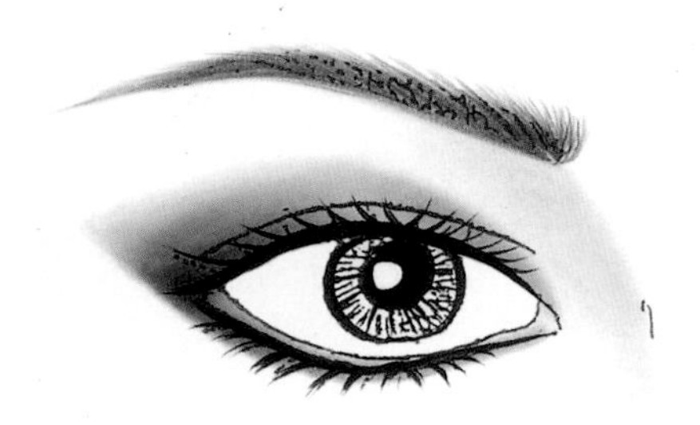

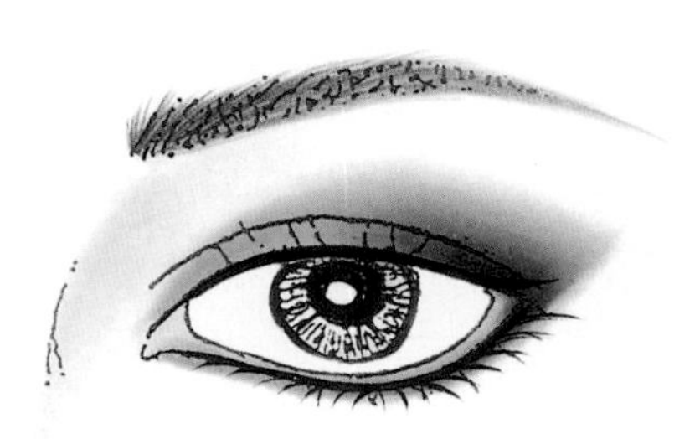

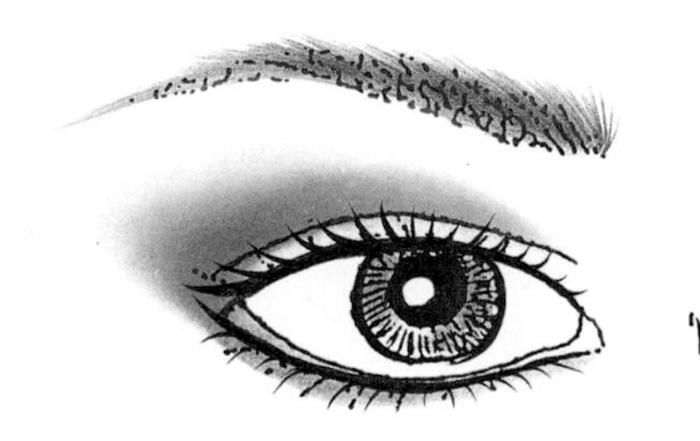
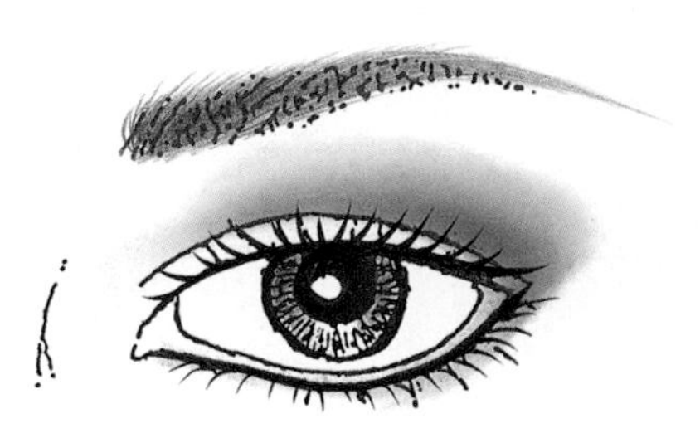

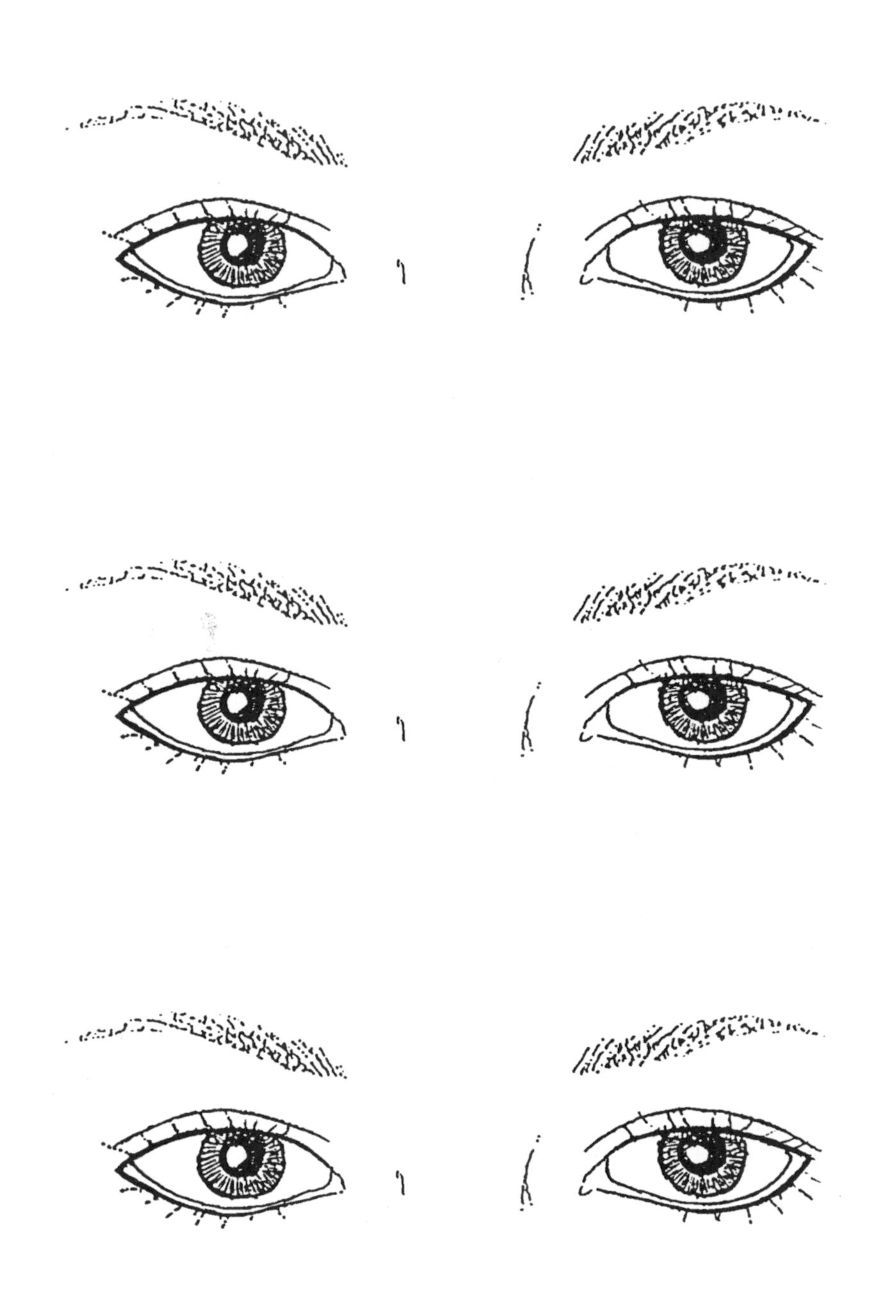

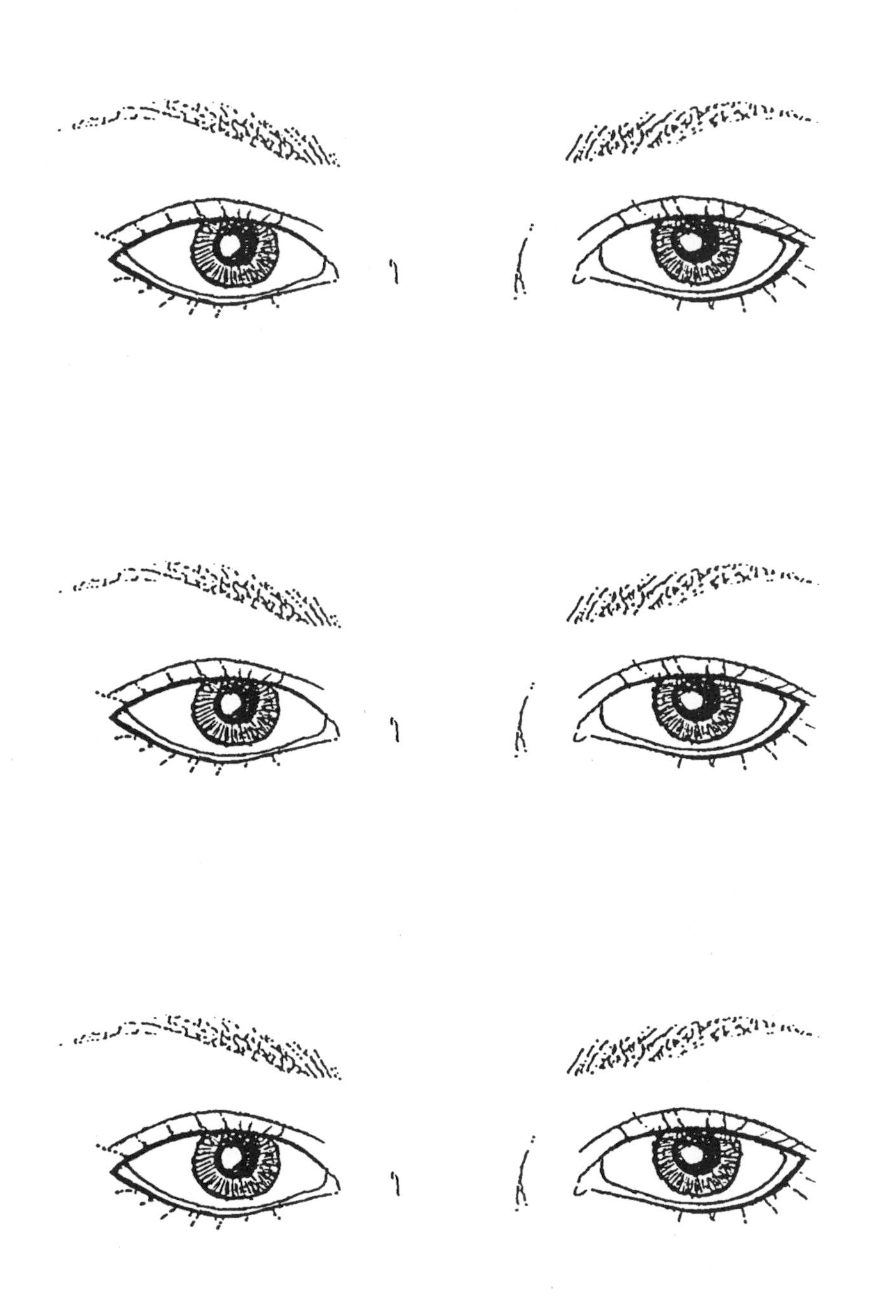

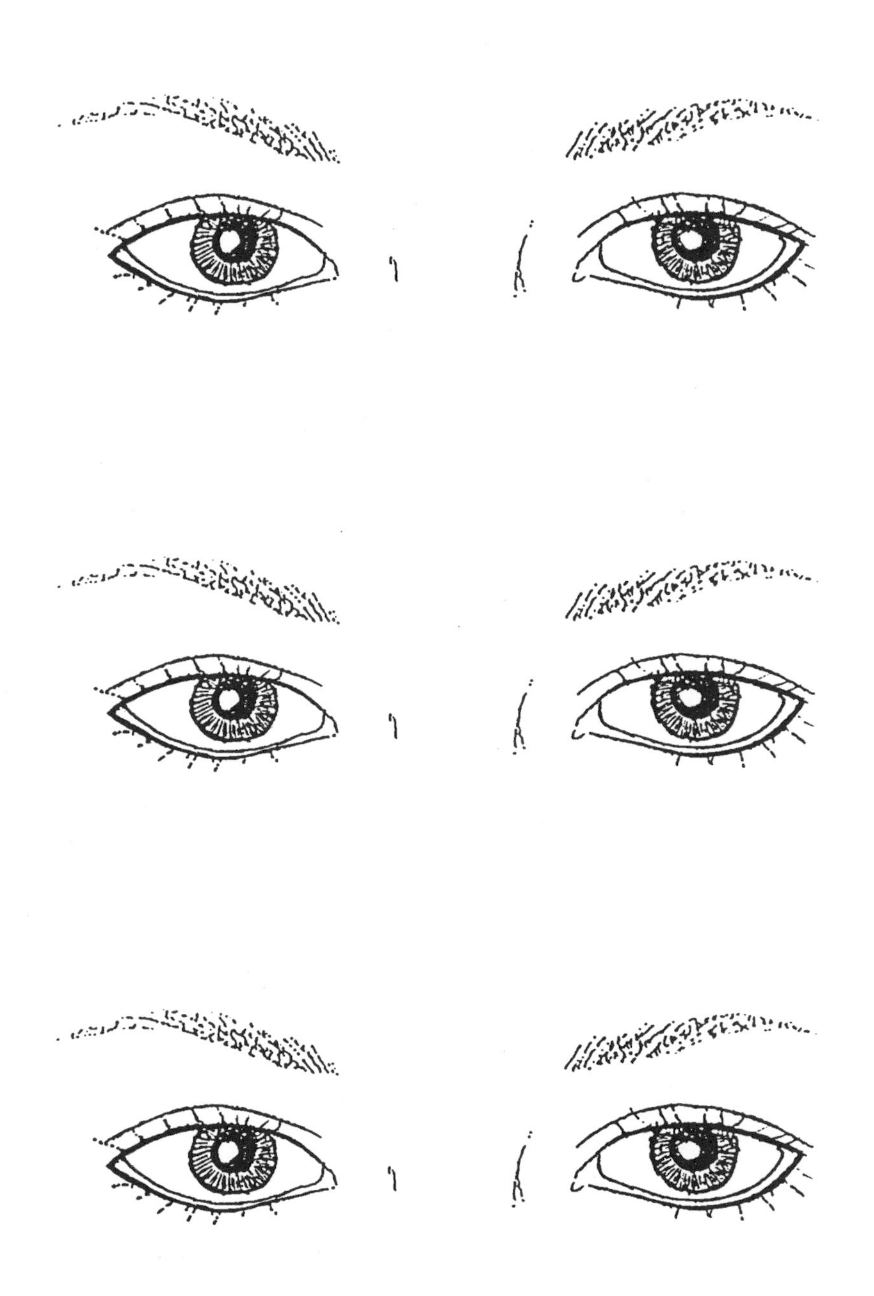

單眼皮

倒勾漸層

單眼皮的眼影畫法可利用眼影或眼線製造假雙眼皮。另一種畫法是以漸層的方式，將眼影由深變淺，表現出有層次的感覺。

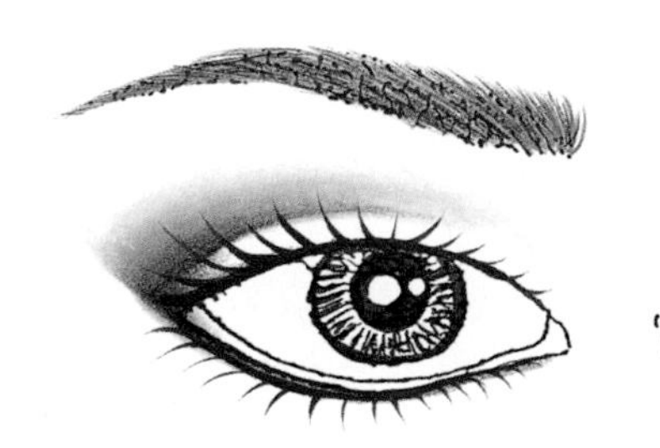
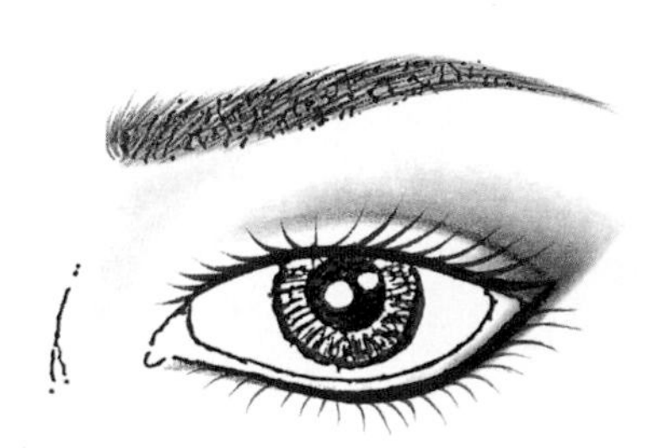

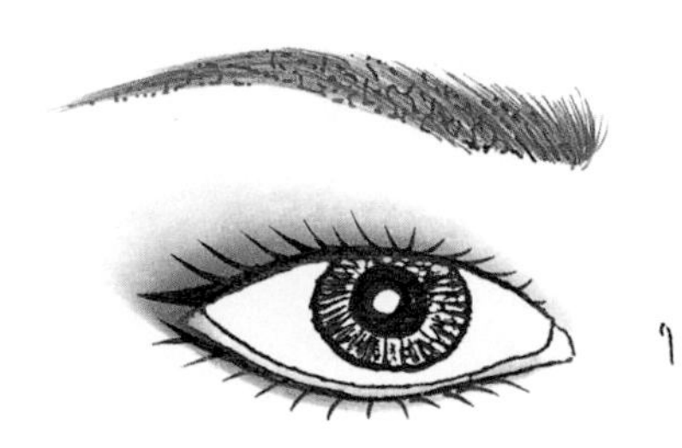
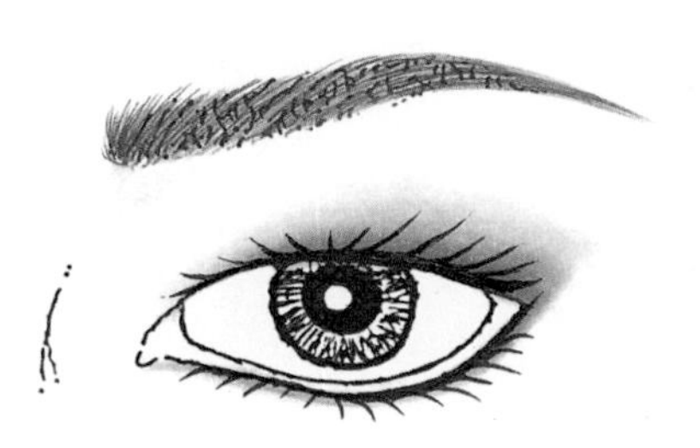

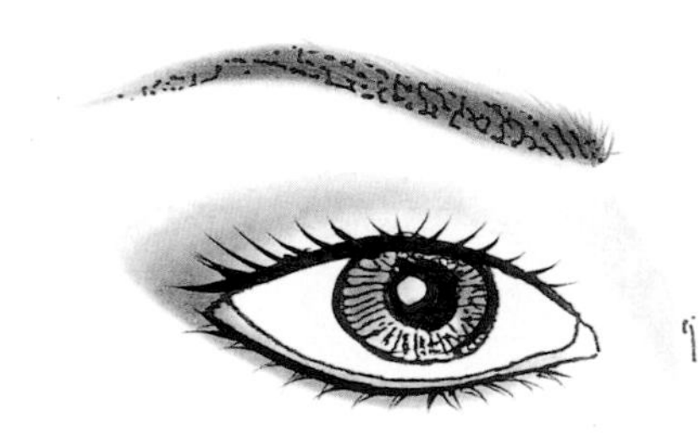

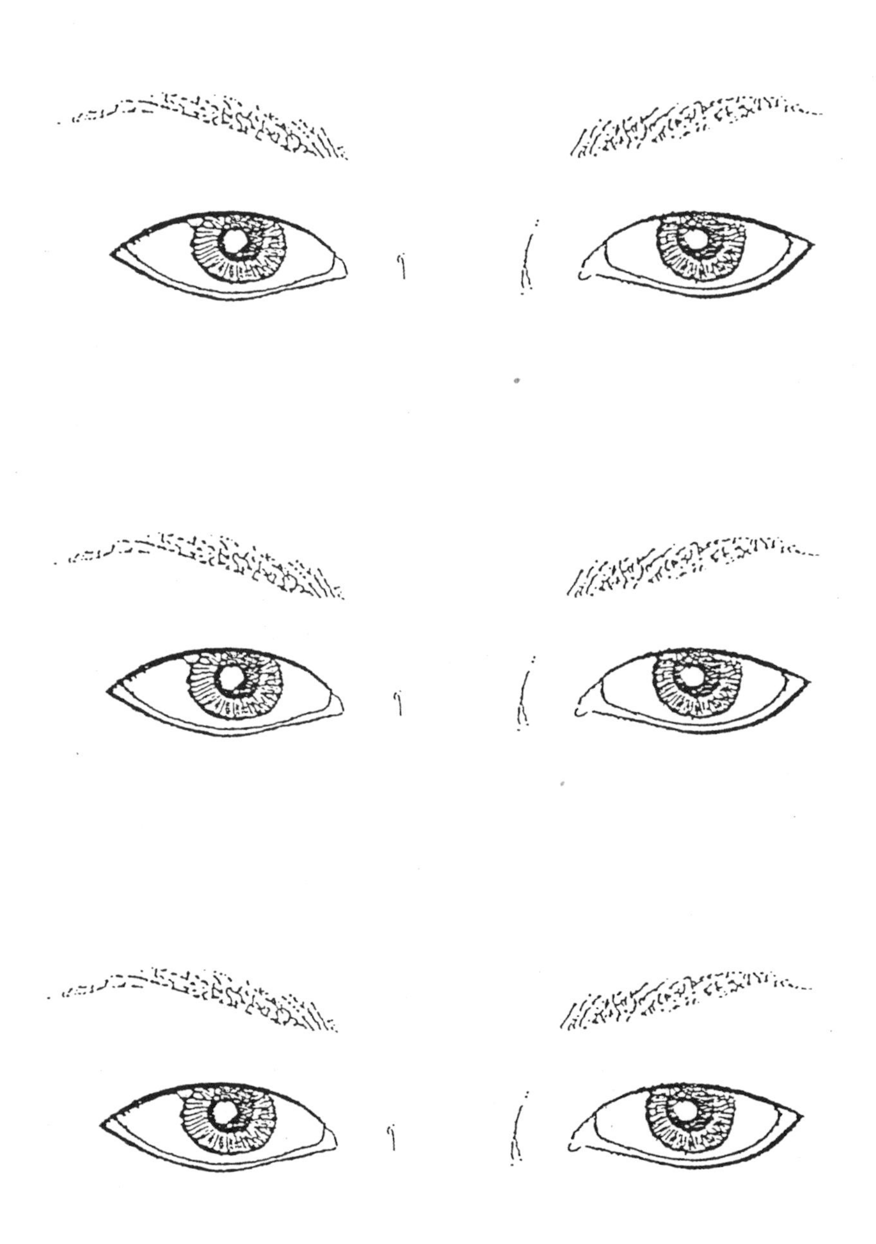

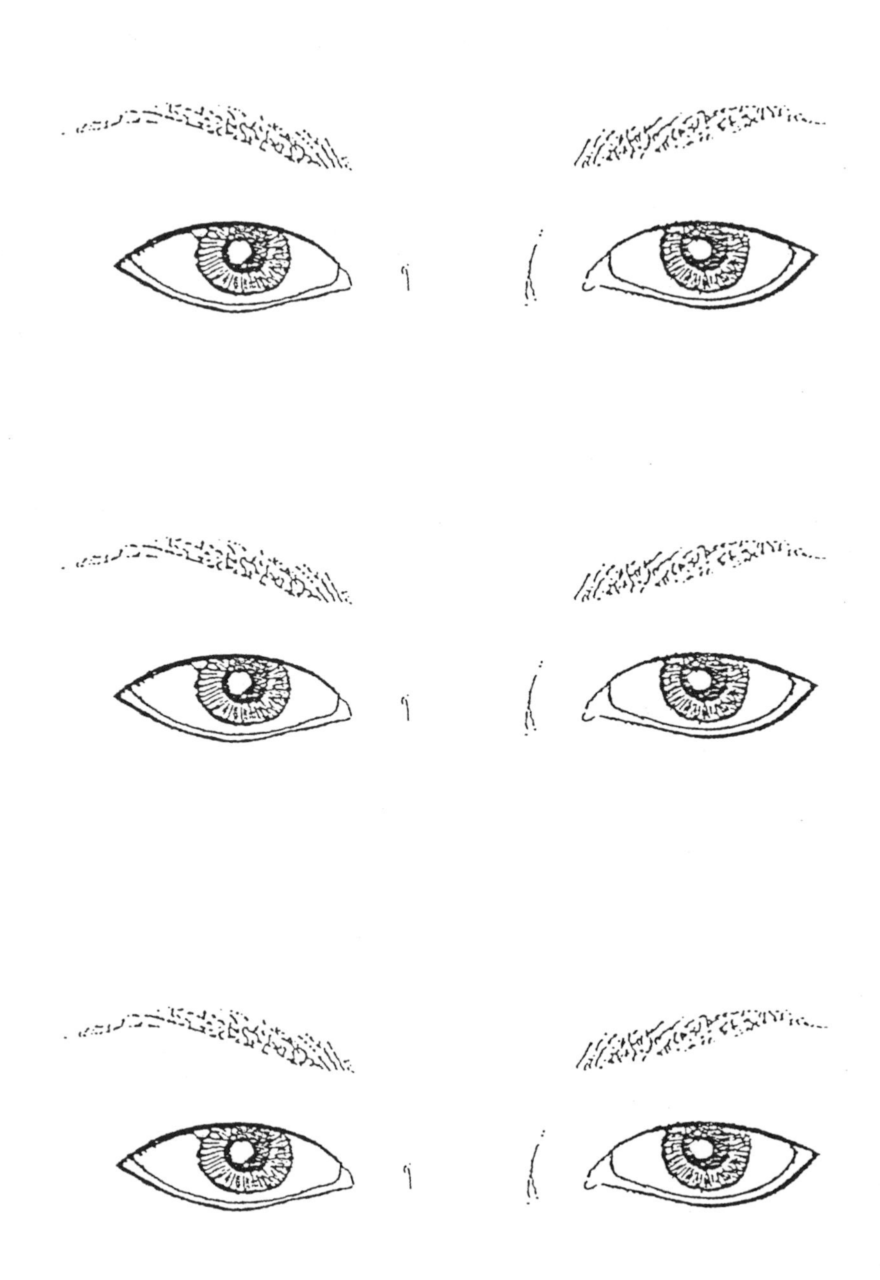

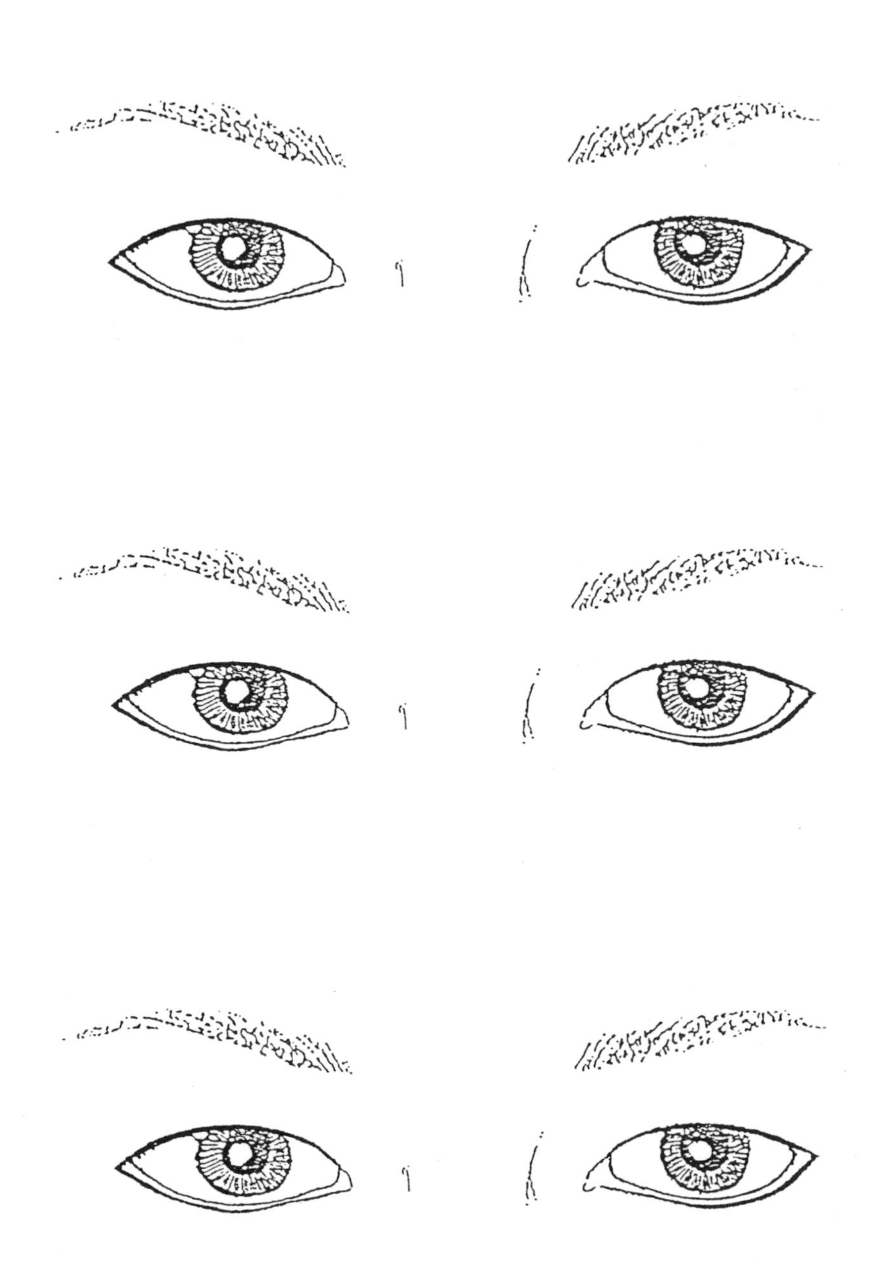

眼線

眼線

色彩勻稱、自然描繪、線條順暢
有兩種畫法：
1. 上眼線及下眼線可包在一起。
2. 上眼線及下眼線可分開。

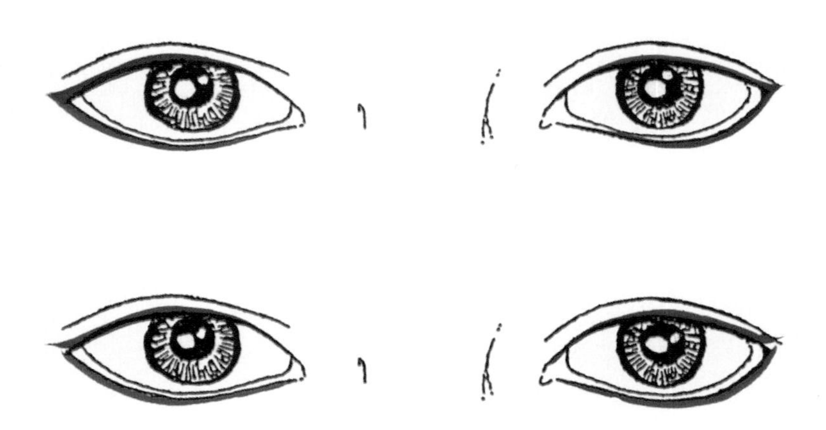

上揚眼

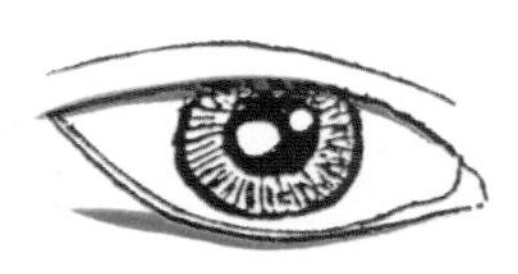
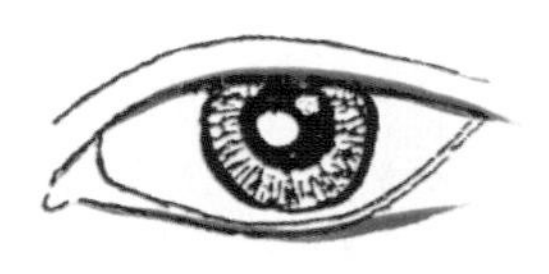

上眼線自然描繪，下眼線自然水平狀。

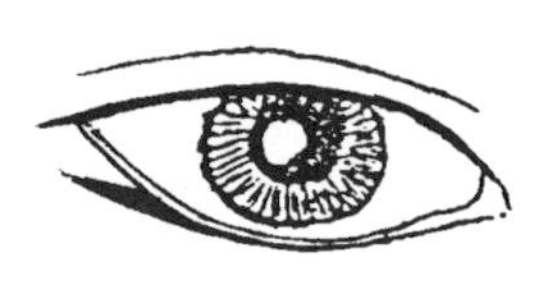
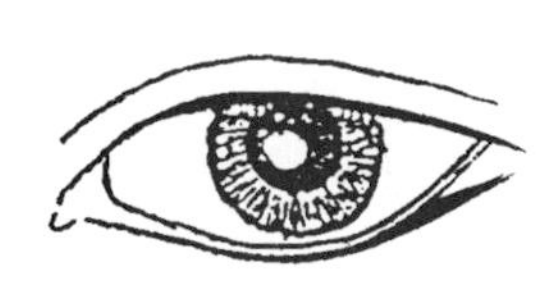
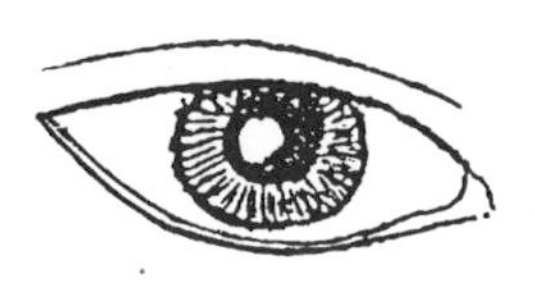
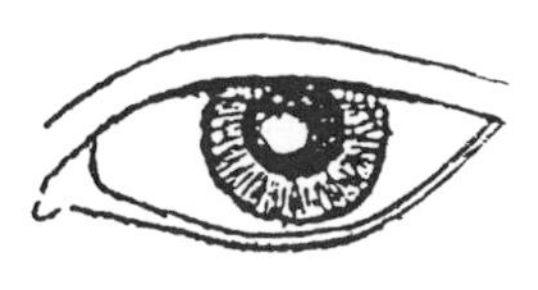
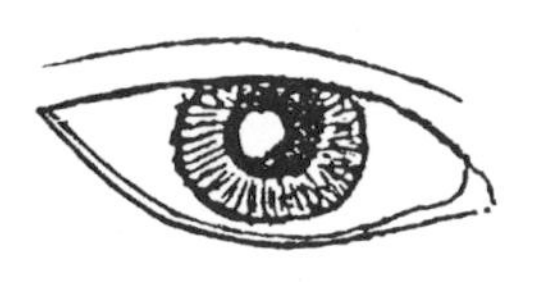
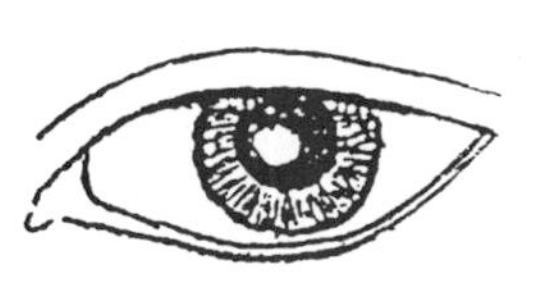
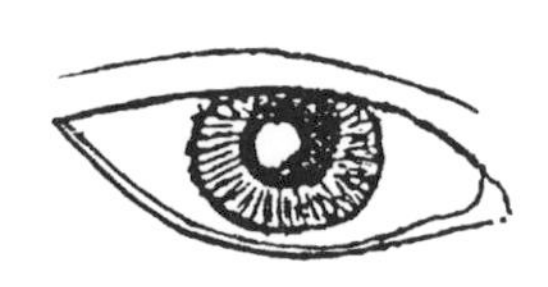
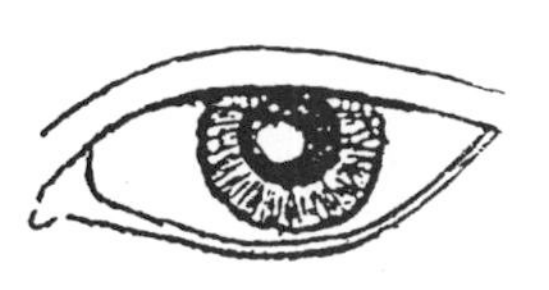
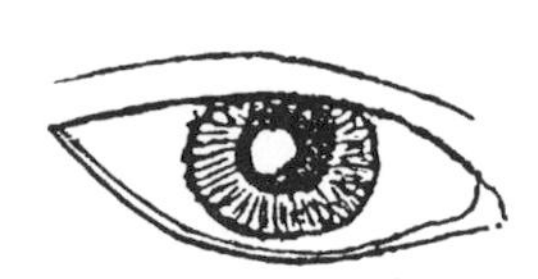
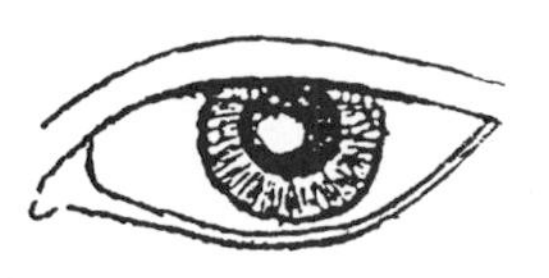

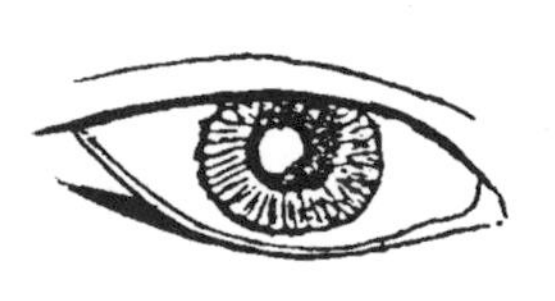
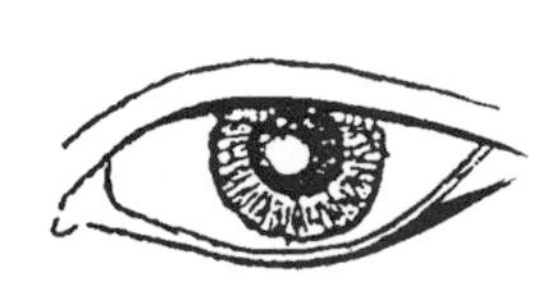
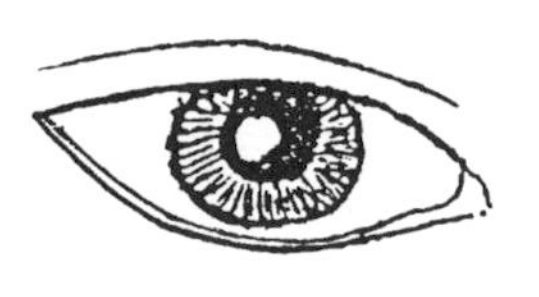
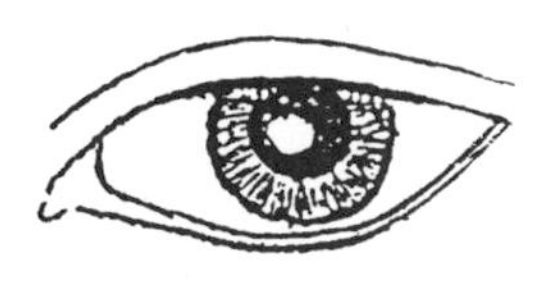
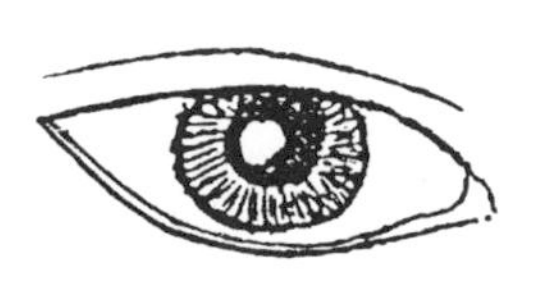
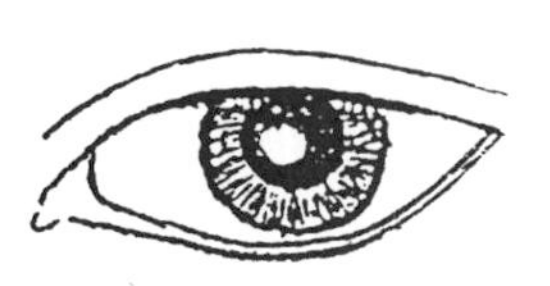
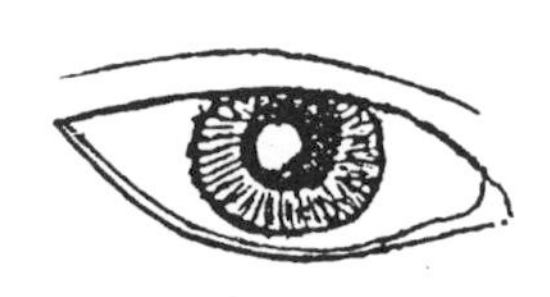
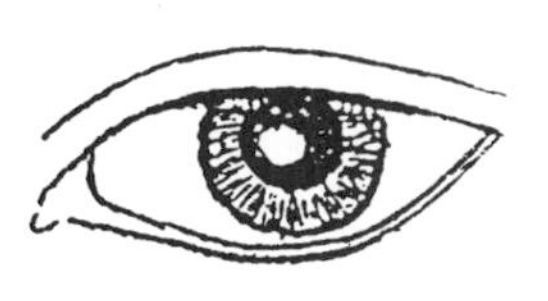
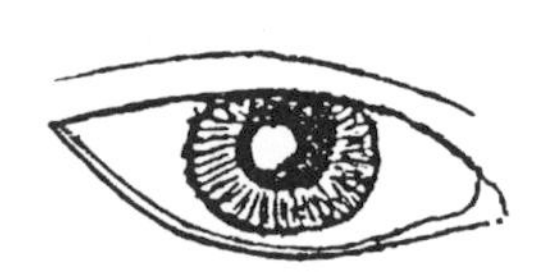
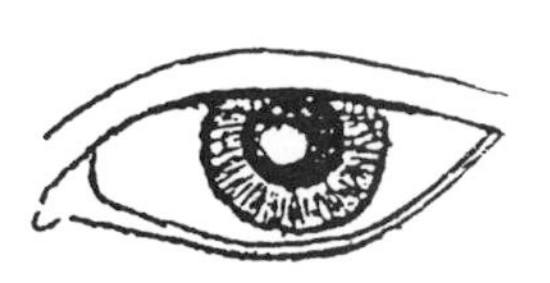

細長眼

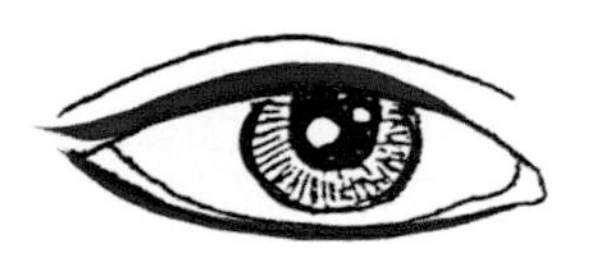
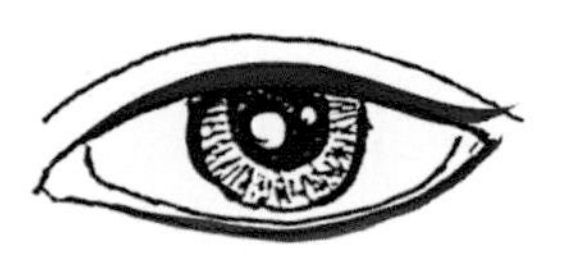

上眼線在眼球中心位置描繪時，稍加粗，可使眼睛顯得更圓，下眼線則自然描繪。

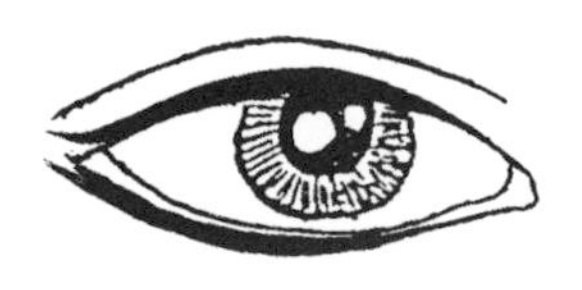
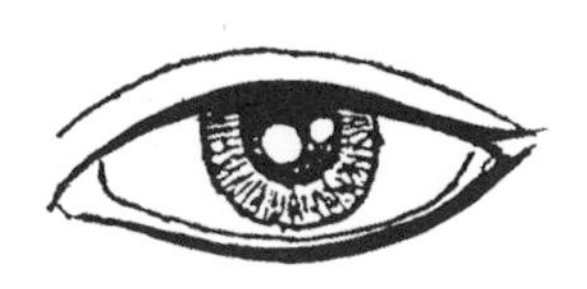
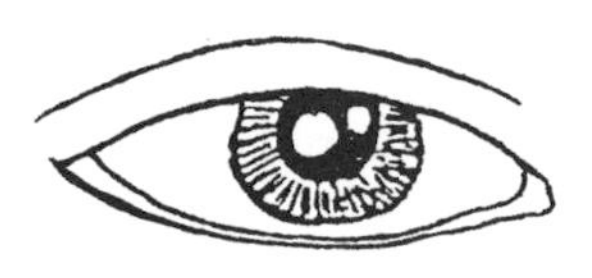
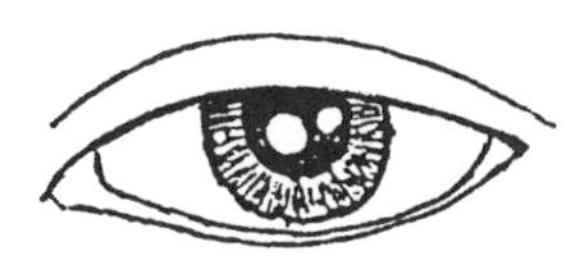
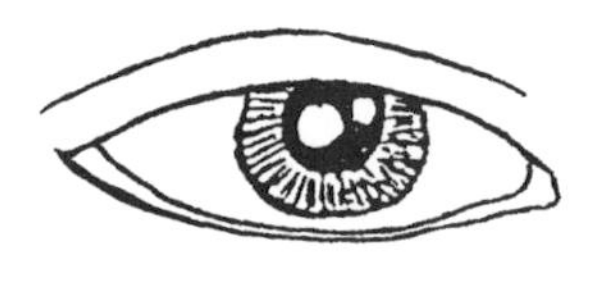
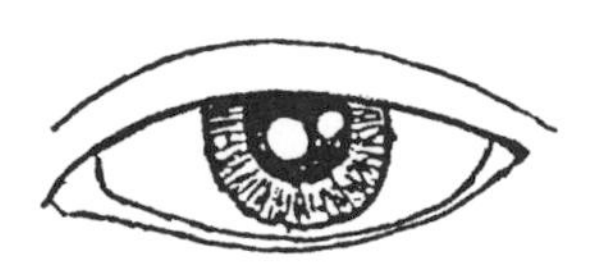
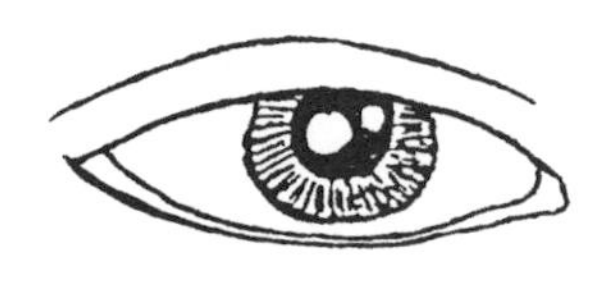
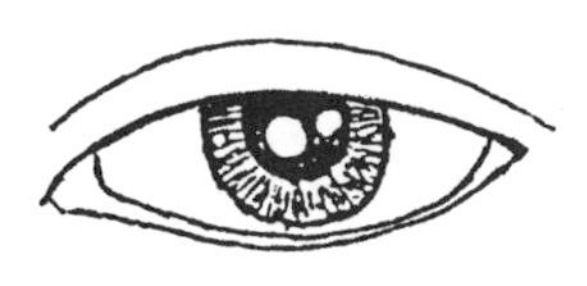
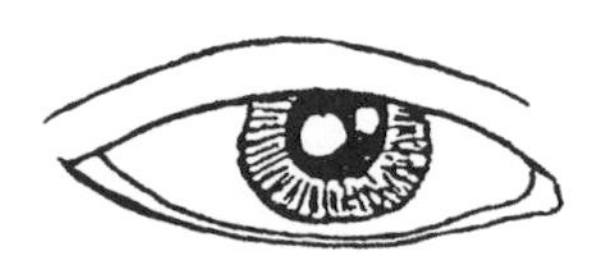
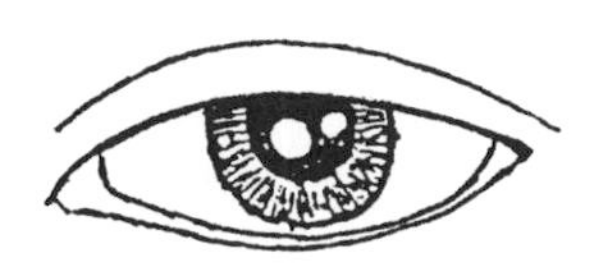

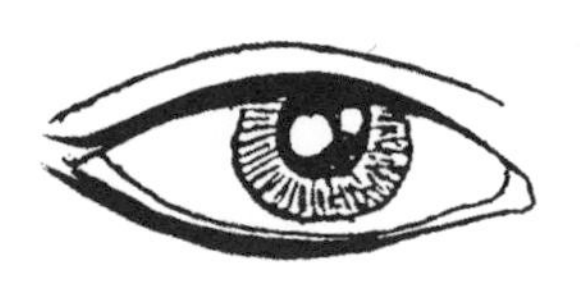
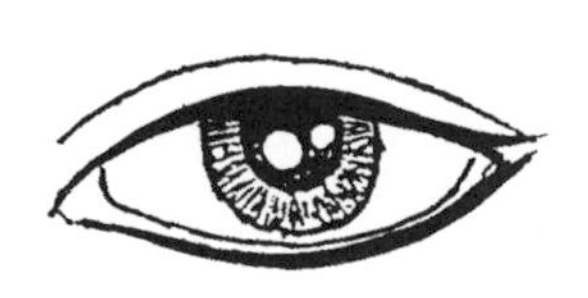
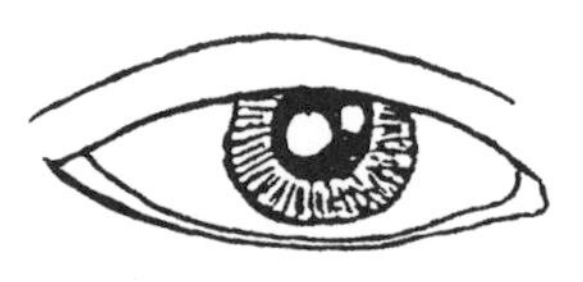
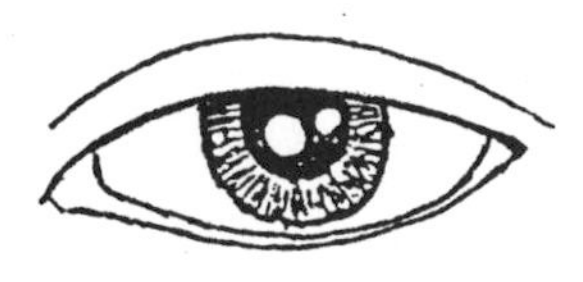
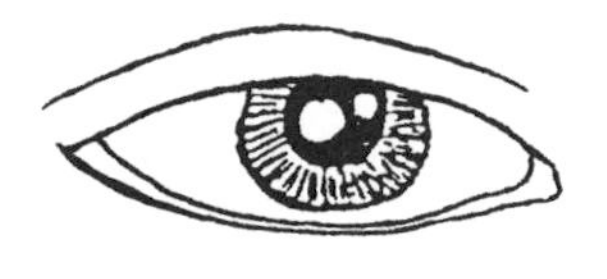
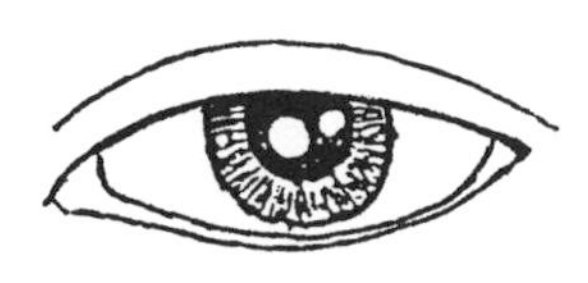
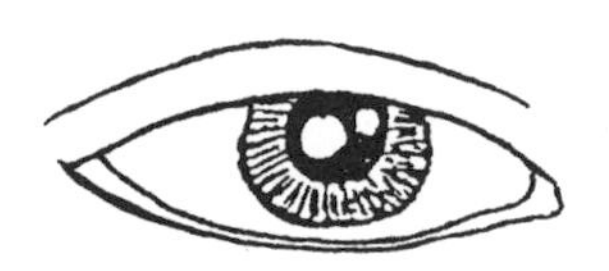
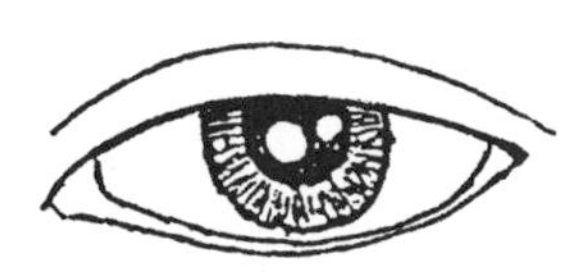
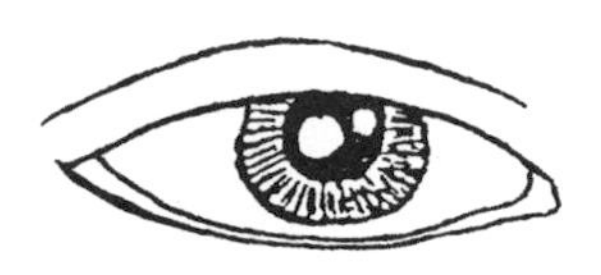
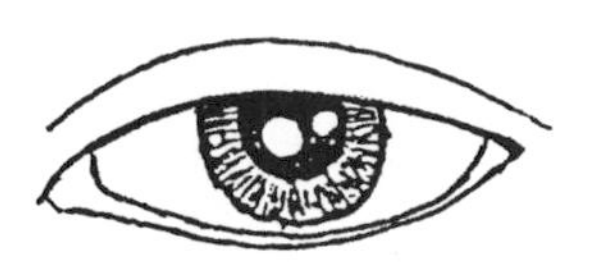

下垂眼

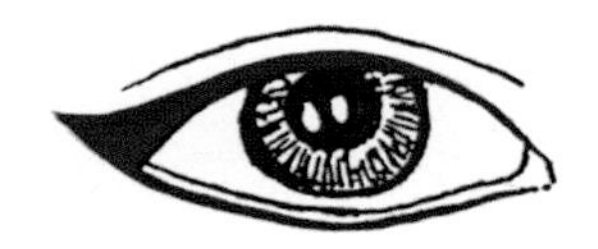
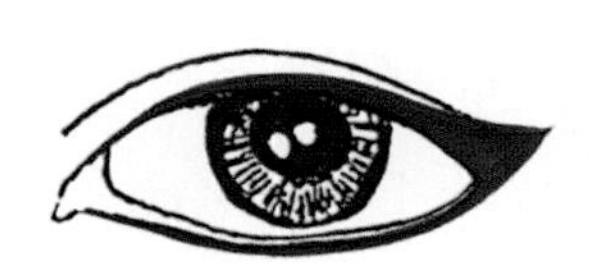

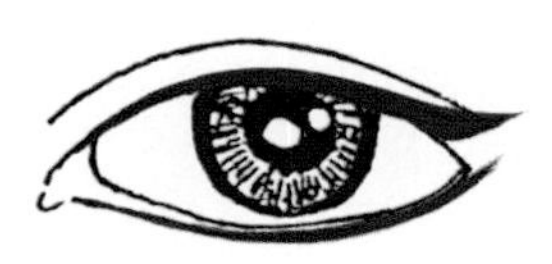

上眼線在眼尾即上揚，畫法有兩種：

1. 上眼線眼尾及下眼線眼尾可相連接稍上揚。
2. 上眼線在眼尾內側即上揚，下眼線呈水平稍上揚。

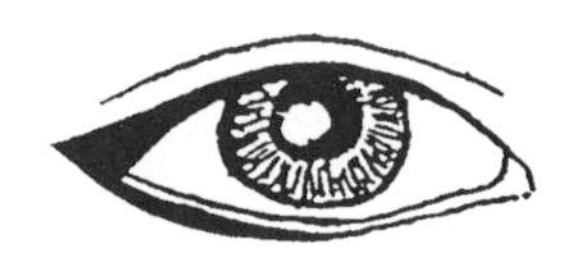
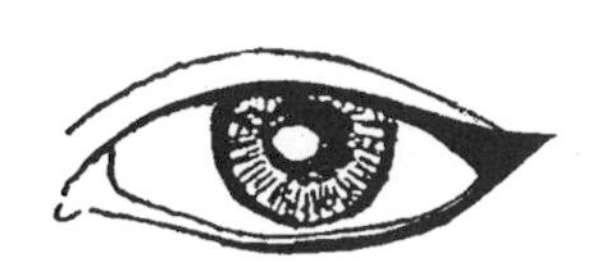
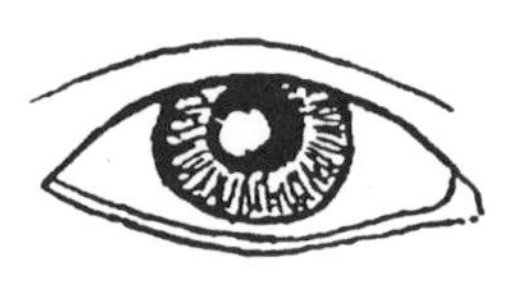
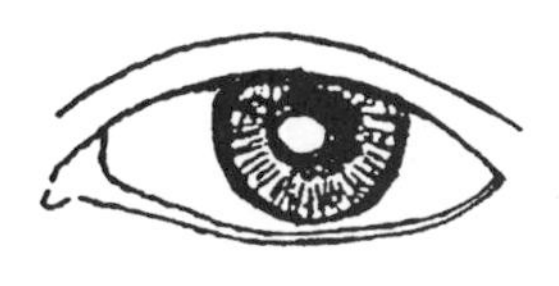
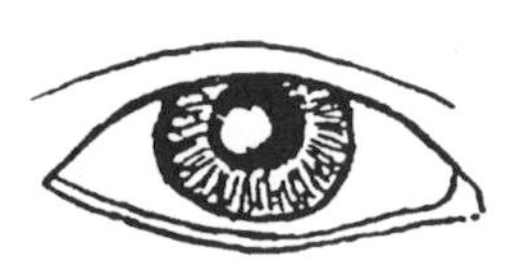
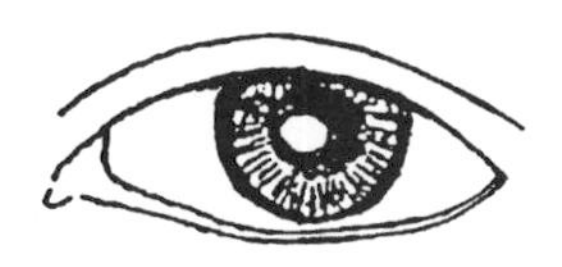
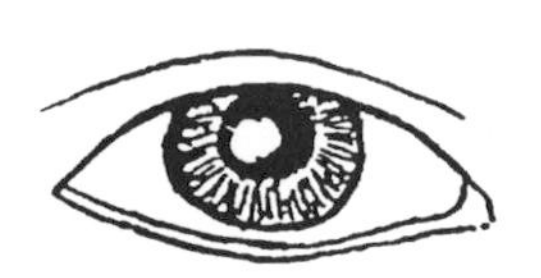
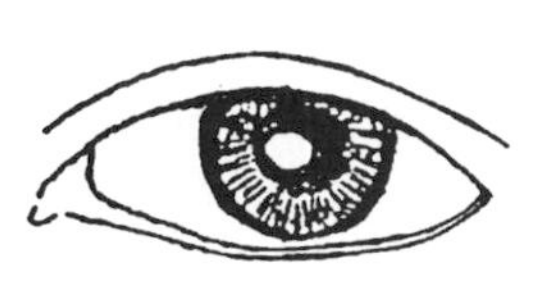
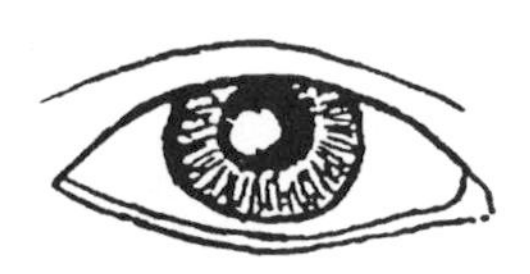
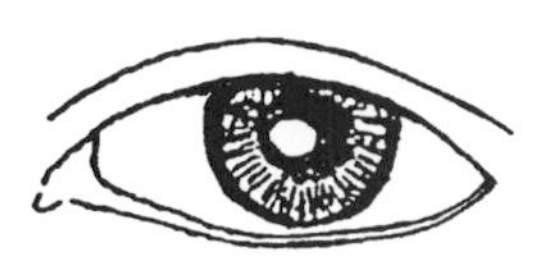

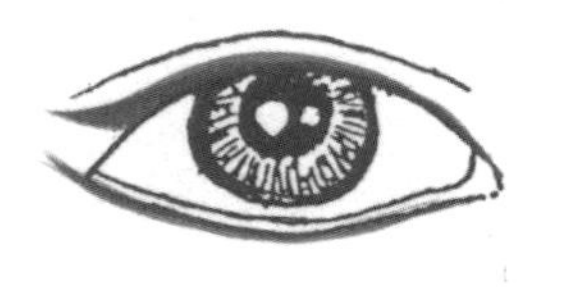
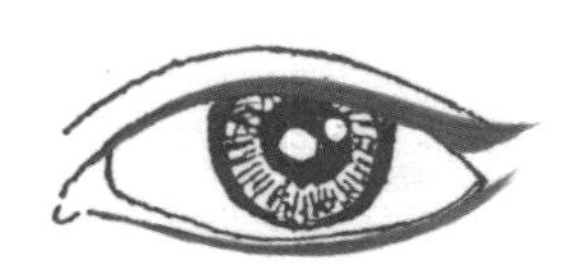
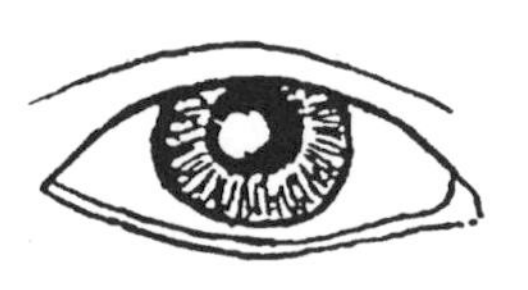
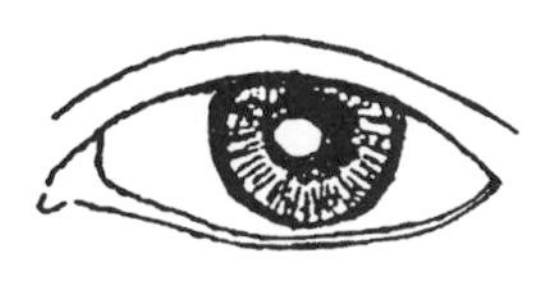
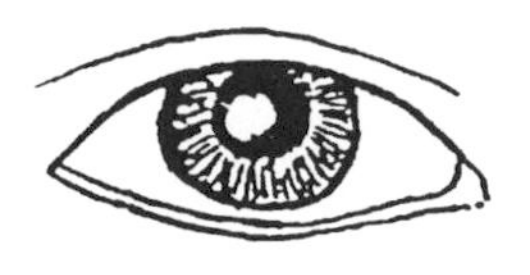
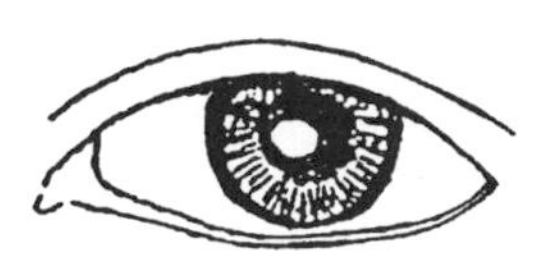
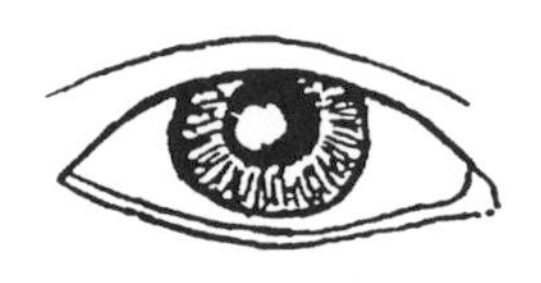
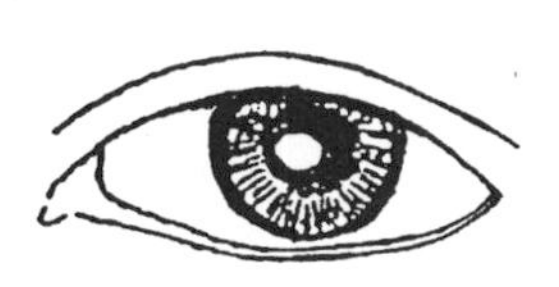
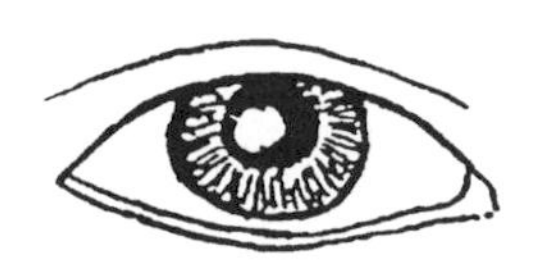
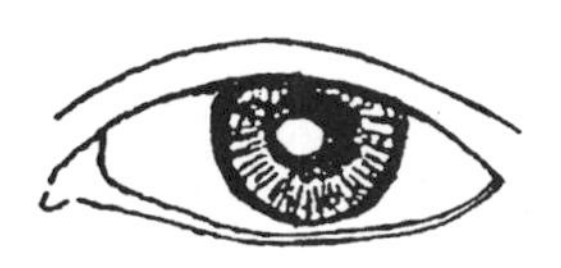

鼻
影

鼻影

鼻影的修飾，目的是利用明度高與明度低的色彩，來創造鼻樑高挺的立體印象。

東方人因五官較為扁平，鼻影的修飾也可說是化妝技巧中非常重要的一環。

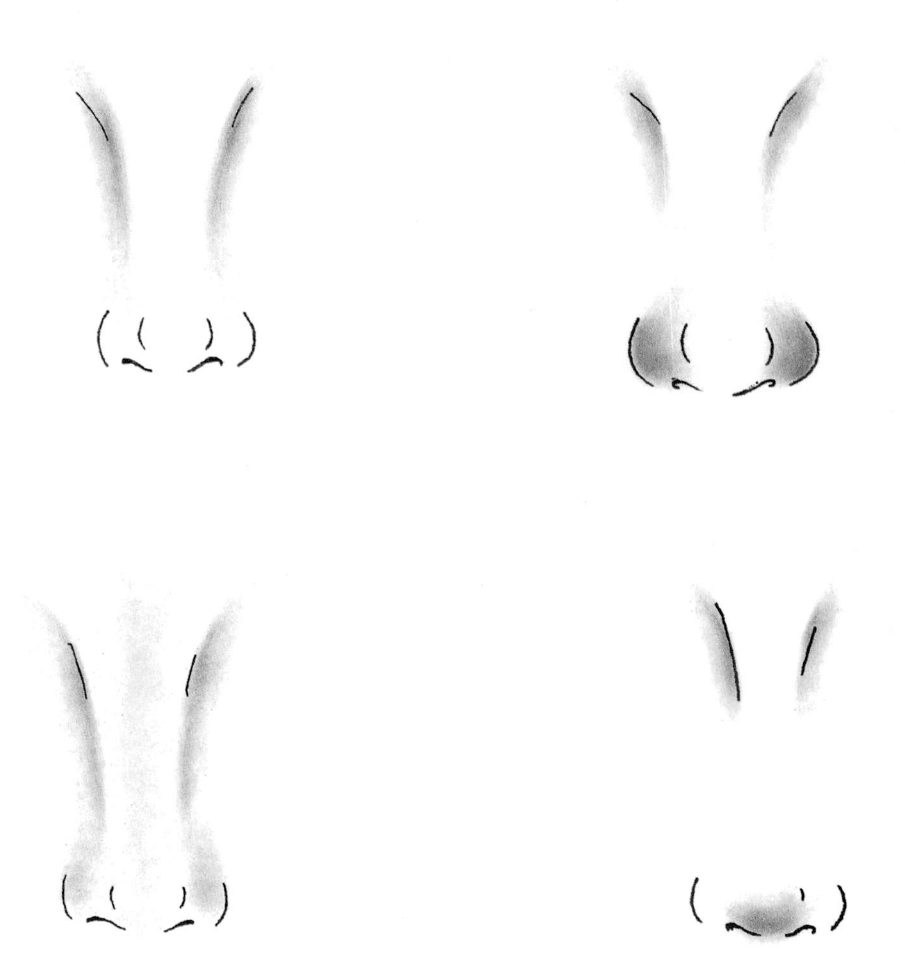

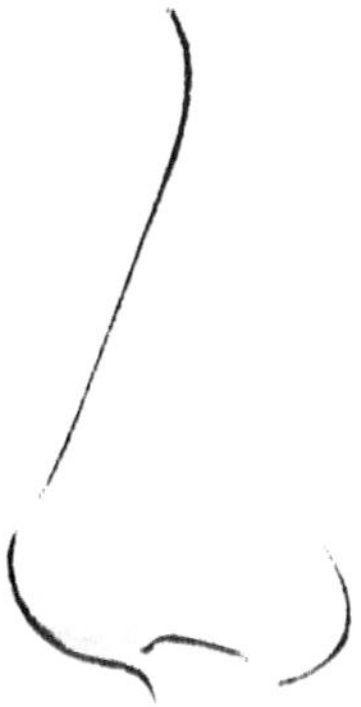

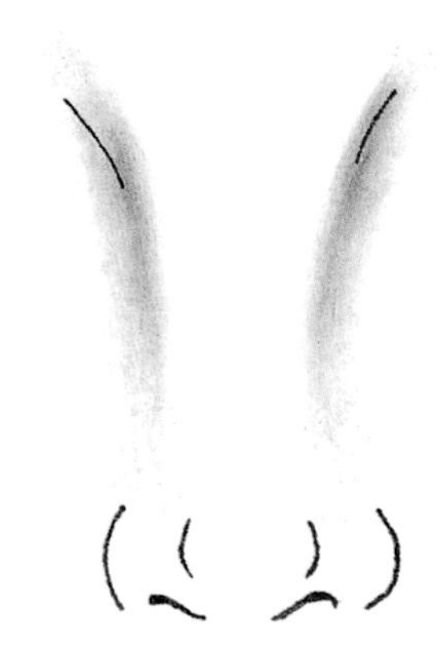

由眉頭刷至鼻頭兩側。

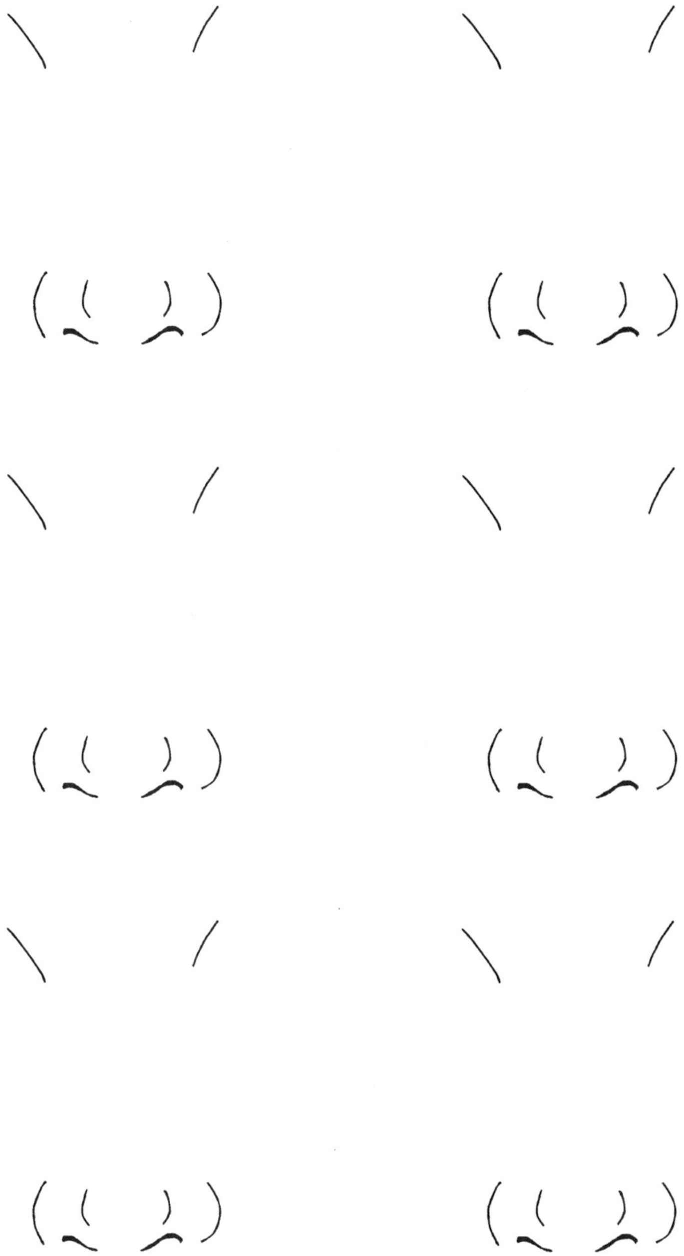

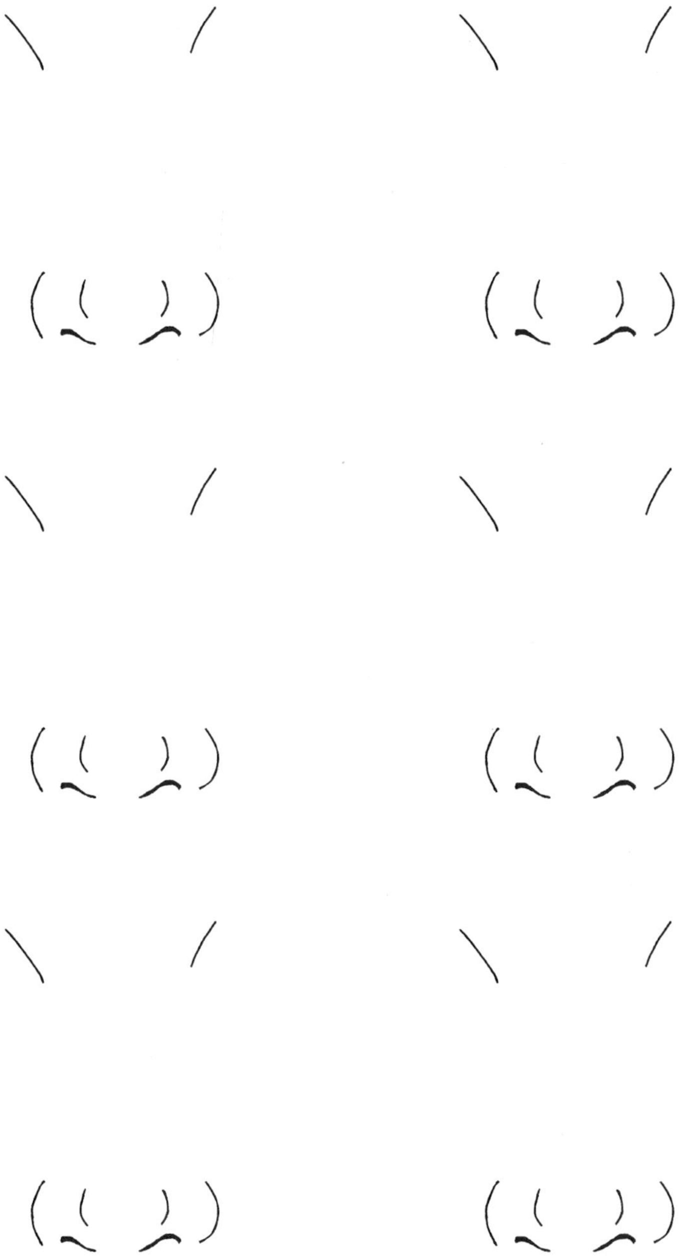

鼻頭大的鼻型

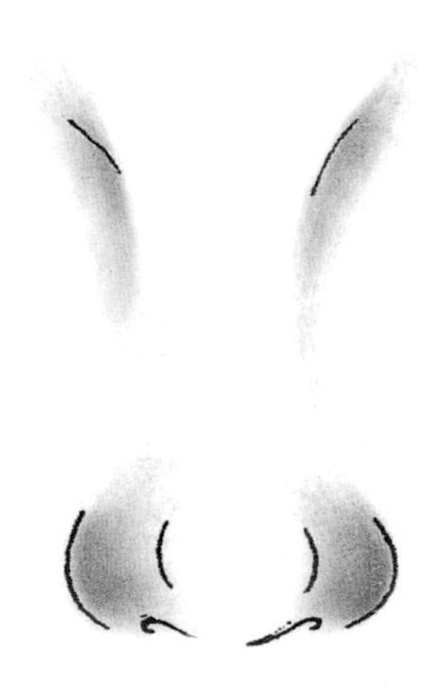

由眉頭向下刷，鼻翼兩側以暗色修飾。

粗又塌的鼻型

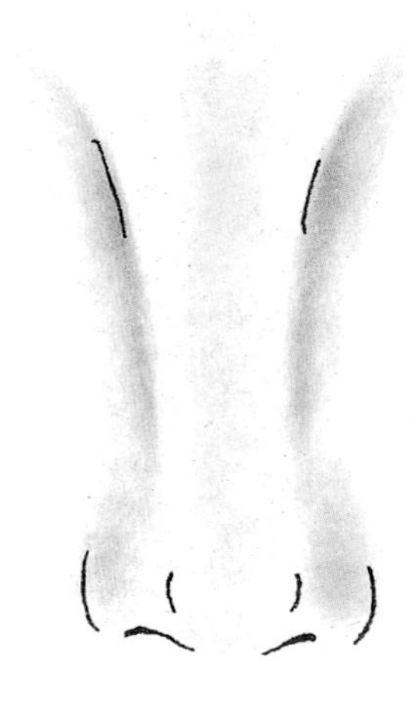

由眉頭稍向鼻頭內側以暗色刷至鼻翼、鼻樑以明色修飾。

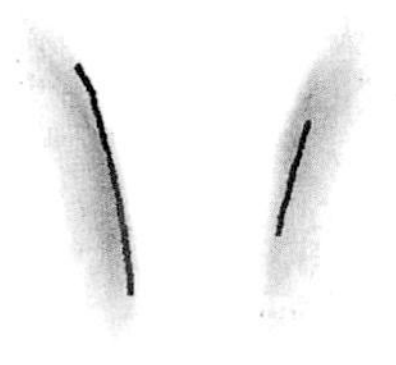

由眉頭下方刷至鼻翼三分之一處，鼻頭以暗色修飾。

唇型

唇型

唇型的化妝技巧，須考慮三個因素：

1. 整體的五官即臉部其他部位的配合。
2. 臉型比例與嘴唇的空間大小。
3. 依個人的偏好。

嘴型小或輕薄的唇型，可利用高明度、高彩度色彩修飾，使唇型達到豐潤的效果。

嘴唇大或厚肥的唇型，可利用低明度、低彩度色彩掩飾其缺點。

在唇膏色彩的選擇上，可依個人喜好，搭配服飾、眼影的色彩選擇適合之顏色。

標準唇型
理性、冷靜型態
野性、熱情型態
魅力、女人味型態

唇型的畫法

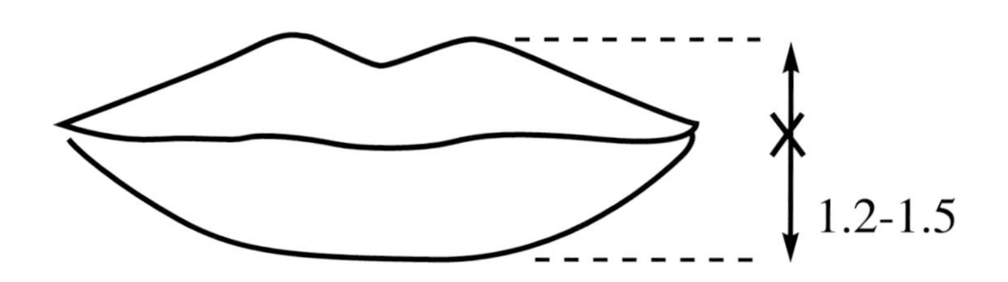

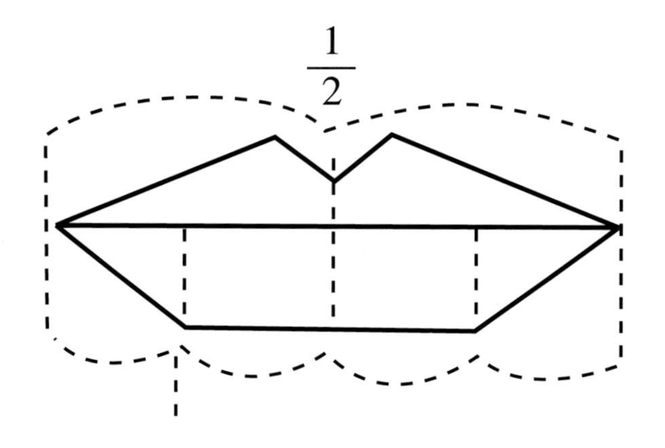

先以中心線為準，畫出左右對稱，上唇畫比下唇略薄，唇中央線條畫濃些。基本唇型嘴唇輕閉時，下唇的厚度約是上唇厚度的兩倍，唇峰約在鼻孔內側的下方，嘴角在彩虹球的下方。

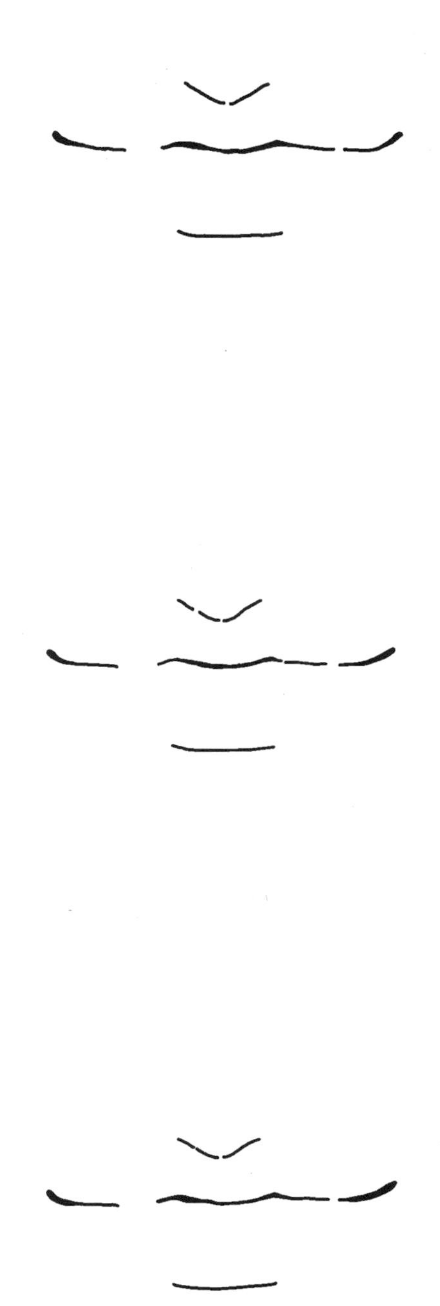

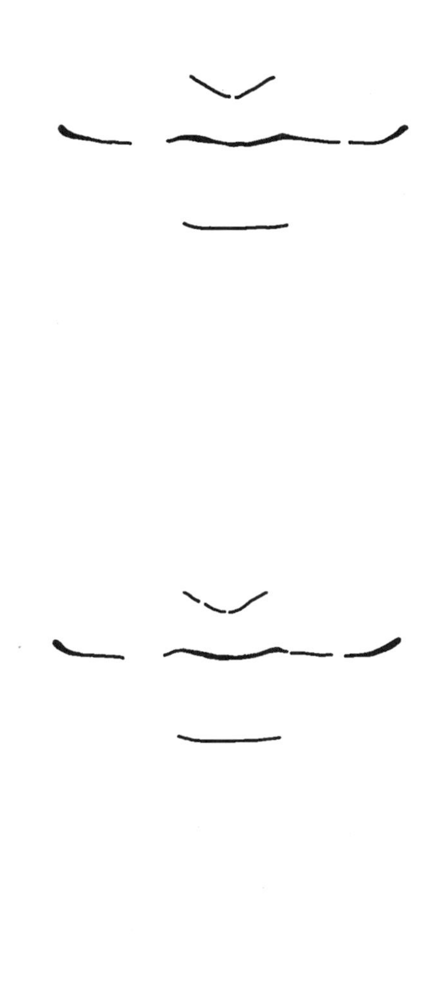

彩妝設計

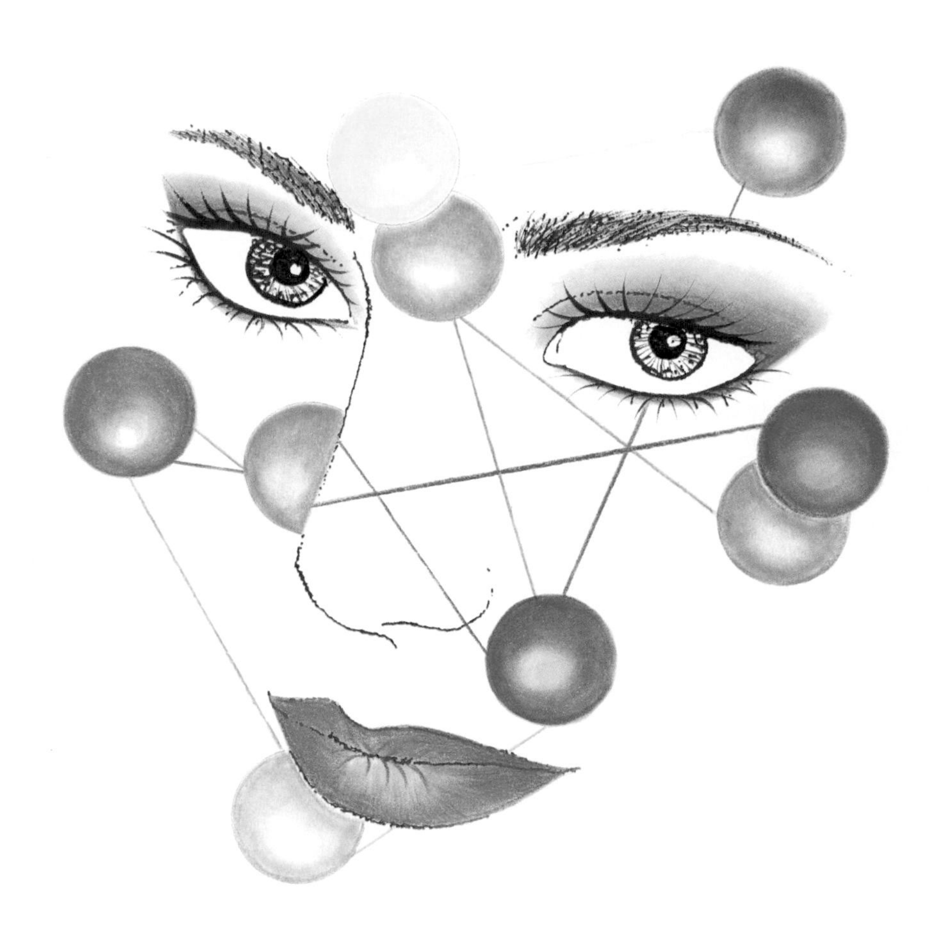

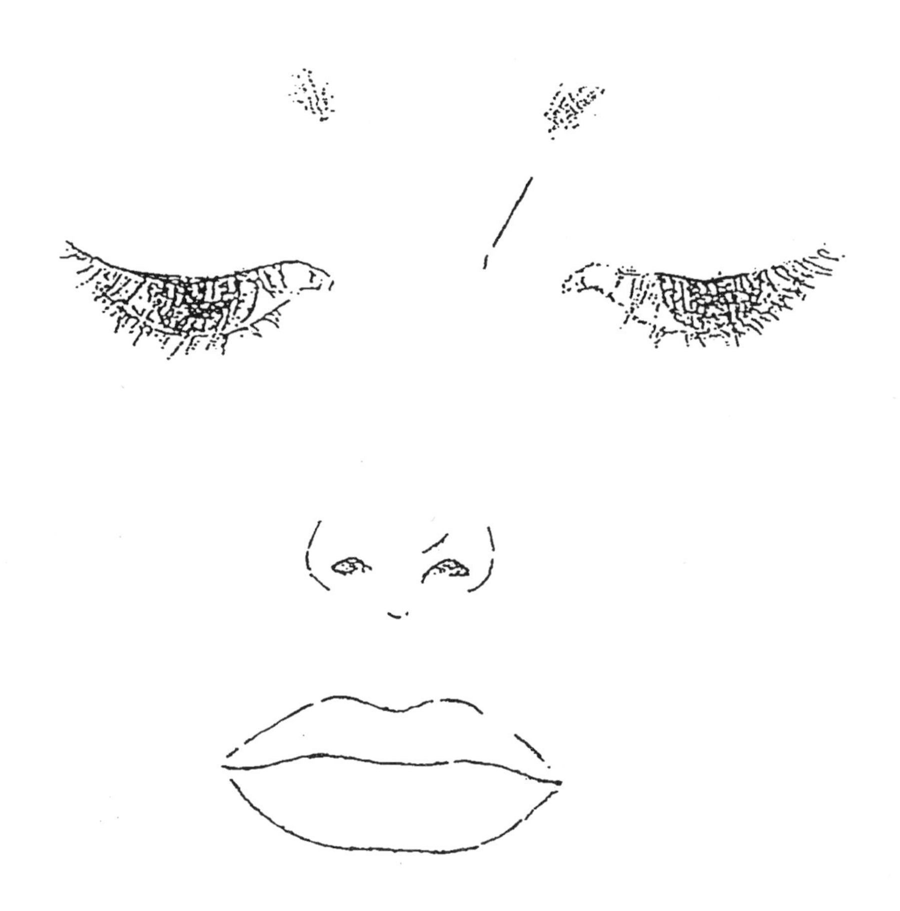

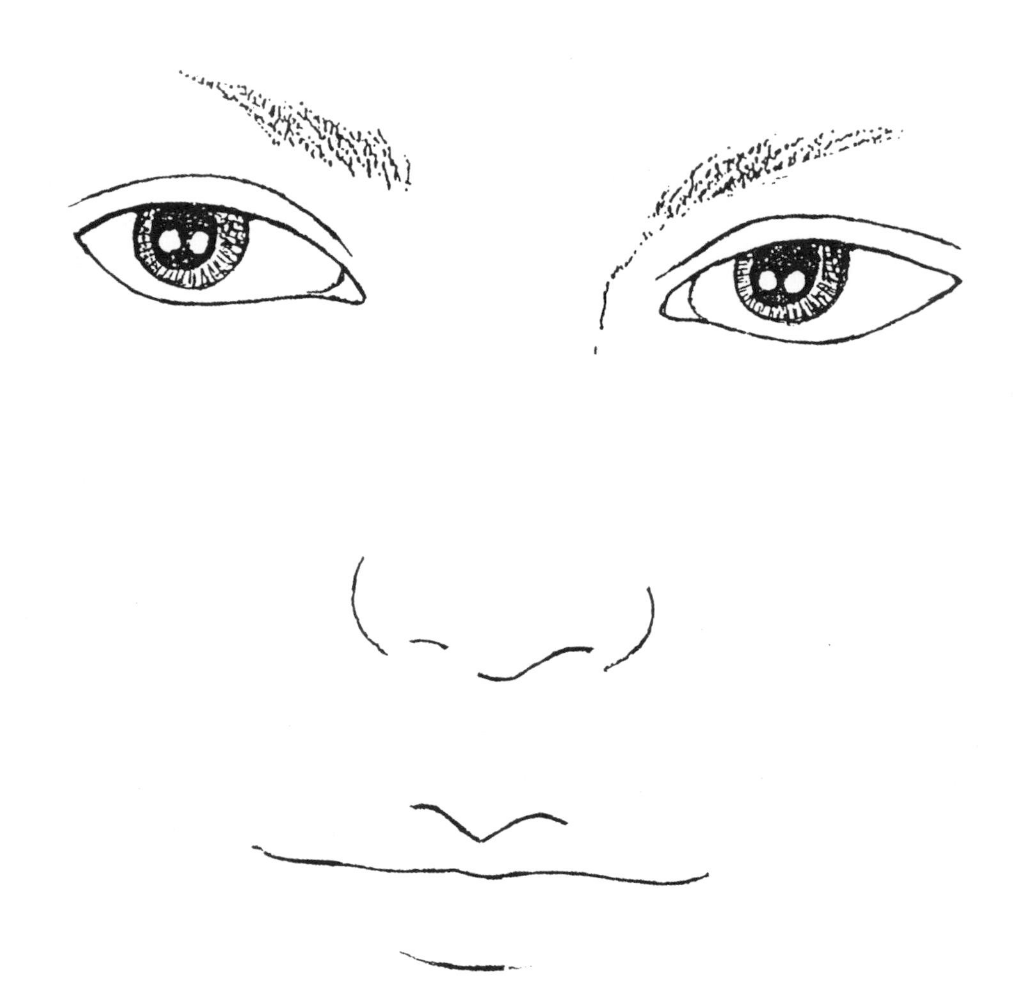

基礎化妝設計練習本

編　　著／張尤莉
出 版 者／揚智文化事業股份有限公司
發 行 人／葉忠賢
責任編輯／賴筱彌
美術編輯／余衍
登 記 證／局版北市業字第1117號
地　　址／台北市新生南路三段88號5樓之6
電　　話／886-2-23660309　886-2-23660313
傳　　眞／886-2-23660310
印　　刷／鼎易印刷事業股份有限公司
法律顧問／北辰著作權事務所　蕭雄淋律師
初版一刷／2001年5月
ISBN／957-818-259-7
定　　價／新台幣250元

郵政劃撥／14534976
帳　　戶／揚智文化事業股份有限公司
E-mail／tn605547@ms6.tisnet.net.tw
網　　址／http://www.ycrc.com.tw

國家圖書館出版品預行編目資料

基礎化妝設計練習本 / 張尤莉編著--初版.
--台北市：揚智文化，2001〔民90〕
面；　公分

ISBN　957-818-259-7（平裝）

1.化妝術

424.2　　　　90001995